BEATRIX STOEPEL

WÖLFE IN DEUTSCHLAND

Aus der ARD-Reihe

EXPEDITIONEN INS TIERREICH

HOFFMANN UND CAMPE

1. Auflage 2004
Copyright © 2004 by Hoffmann und Campe Verlag
www.hoffmann-und-campe.de
Sendereihen- und Sendefolgentitel, Idee, Sendekonzept,
Logos und Style Guide lizenziert von NDR Media GmbH
Schutzumschlaggestaltung: Büro Hamburg
Foto: Uwe Anders, Corbis
Bildrecherche: Konstantin Gerszewski
Typographie und Layout: Prill Partners|producing, Berlin
Repro: LVD GmbH, Berlin
Druck und Bindung: Mohn Media GmbH, Gütersloh
Printed in Germany
ISBN 3-455-09470-8

HOFFMANN
UND CAMPE

Ein Unternehmen der
GANSKE VERLAGSGRUPPE

INHALT

Vorwort	7
1. Der Wolf – immer gut für Schlagzeilen	8
2. Die Sensation – deutsche Wölfe vor der Kamera	18
3. Deutsche Wölfe sind polnische Wölfe	23
4. Wölfe früher in Deutschland – verfemt, verhasst, verfolgt	30
5. Der erste Wolf von Muskau	39
6. Die Wolfsfrau	49
7. Ein Freund der wahren Märchen	62
8. Auf Spurensuche in Polen	66
9. Die ersten Wochen einer Wölfin	72
10. Auf Spurensuche in Deutschland	78
11. Heulende Frauen und jubelnde Filmer	83
12. Der Truppenübungsplatz – ein Platz für Wölfe	92
13. Auf den Fährten großer Tiere	102
14. Der Erfolg der Viererbande	106
15. Keine Panik!	112
16. Nächtliche Begegnung	123
17. Neue Nachbarn	128
18. Wild und Wolf	136
19. Eine Wölfin kommt auf den Hund	145
20. Wolfscamp im Wolfsland	151
21. Herzlich willkommen, Falko	156
22. Welpen vor der Kamera	164
23. Die Wölfe mit den großen Ohren	170
24. Wolf, du hast das Schaf gestohlen	177
25. Sicherheit und Artenschutz	184
26. Eine Wolfsjagd in Sachsen	191
27. Waidmann und Wolf	200
28. (K)eine Chance für Wölfe in Deutschland?	211
Dank	223
Tipps, Links, Literatur, Abbildungsnachweis	224

VORWORT

Eine EXPEDITION INS TIERREICH ohne Tier?

Ein Albtraum der NDR Naturfilm-Redaktion wurde wahr: Der erfahrene Fernsehjournalist Holger Vogt schlug uns allen Ernstes einen Film über praktisch unsichtbare Tiere vor. Ja, über Tiere, die es möglicherweise nicht einmal gab: ein Wolfsrudel in Deutschland! Selbst die Forscher am damals noch geheimen Ort hatten es nicht zu Gesicht bekommen. Und Fernsehen lebt von Bildern, Naturfilm von besonders schönen und spektakulären.

Holger Vogt musste klar sein, wie gewagt das Unternehmen war. Wölfe in Freiheit zu sehen, selbst dort, wo sie noch relativ zahlreich sind, ist ein seltenes Erlebnis. Dabei eine Filmkamera passend im Anschlag zu haben kommt einem Lottogewinn gleich. Wie lange würde sein Kameramann erfolglos warten müssen, wie teuer eine solche Produktion werden? Nun ist jeder Tierfilm ein schwer kalkulierbares Risiko. Es gab schon Produktionen, die als Porträt einer Raubkatze in Auftrag gegeben wurden und als Affengeschichte endeten: Die Gesuchte hatte sich partout nicht zeigen wollen.

Wir wagten das Hasardeurstück, liebäugelten sogar mit einem Sendeplatz für die ARD-Reihe EXPEDITIONEN INS TIERREICH, unserem traditionsreichen Sendeplatz. Denn diese Expedition, würde sie gelingen, wäre eine Sensation. Nach Monaten der Ungewissheit dann die Erlösung: Kameramann Uwe Anders hatte einen Wolf vor die Linse bekommen. Die wechselvolle Geschichte der Tiere und ihrer Beschützer rührte zu Tränen. Die Zuschauer dankten es uns mit der höchsten Einschaltquote des Jahres. So war es keine Frage, eine Fortsetzung in Auftrag zu geben. Sie sollte erst zwei Jahre und viele Hindernisse später fertig werden.

Die Zukunft der Wölfe in Deutschland bleibt spannend. Ihr Überleben hängt am seidenen Faden. Umso mehr geben die zwei Filme und das vorliegende Buch einen unmittelbaren Einblick in ein Stück Tiergeschichte Deutschlands, wie es sie so schnell nicht mehr geben wird.

Jörn Röver
Redaktionsleiter
NDR Naturfilm

Thomas Schreiber
Leiter Programmbereich Kulur
NDR Fernsehen

1. KAPITEL

DER WOLF – IMMER GUT FÜR SCHLAGZEILEN

Böses Erwachen: Ein Schäfer in der Oberlausitz findet fünfzehn tote Schafe – von Wölfen gerissen.

Frühjahr 2002: »Ein ganzes Dorf in Angst«, »Überfall auf der Weide«, »Grausiges Schweigen der Lämmer«, »Lautloser Tod«, »Lausitz zittert vor den Wölfen«. Für die Zeitungen, von der *Bild* bis zum *Spiegel*, ist es ein gefundenes Fressen: Am Morgen des 30. April 2002 findet Schäfermeister Frank Neumann auf einer Weide am Ortsrand des Dörfchens Mühlrose in der Oberlausitz fünfzehn Schafe mit durchgebissener Kehle. Drei weitere sind so schwer verletzt, dass er sie töten muss, neun spurlos verschwunden. Verängstigt drängen sich die unverletzen Schafe der über zweihundert Tiere zählenden Herde zu einem dichten Knäuel zusammen und blöken klagend. »So was habe ich in meinem ganzen Berufsleben noch nicht gesehen«, sagt Neumann, der schon seit über vierzig Jahren als Schäfer arbeitet.

Er alarmiert die Polizei. Für ihn stehen die Verursacher des Schreckens schnell fest: Wölfe! Wenig später erscheint auch Rolf Röder auf der Weide, Vorsteher des Bundesforstamtes Muskauer Heide. Er hat den gleichen Verdacht: Wölfe sind hier gewesen, seine Wölfe!

Der 55-jährige Bundesförster hat seit Mitte der neunziger Jahre Wölfe im Revier. Ein Revier, in dem an über zweihundert Tagen im Jahr für den Ernstfall trainiert wird. Denn die Region, in der Röder für Wald und Wild verantwortlich ist, umfasst unter anderem den östlichen und größten Teil des Truppenübungsplatzes Oberlausitz, gut 14.500 Hektar groß und direkt an der polnischen Grenze gelegen. Von dort, so vermutet Röder, sind die Wölfe gekommen, sind über die Neiße geschwommen und haben ganz allmählich seine Reviere zu ihrem gemacht.

Kaum hat Rolf Röder im Februar 1996 seinen Dienst im äußersten Nordostzipfel Sachsens angetreten, sieht er ihn schon zum ersten Mal: einen grauen Schatten, der über den verschneiten Weg huscht und nach wenigen Sekunden wieder verschwunden ist. Ein Wolf? Oder doch nur ein Schäferhund von der Spezialtruppe für Bundessicherheit, die gerade

Sensationspresse: aufgewärmte Vorurteile und moderne Märchen vom »bösen Wolf«

auf dem Gelände übt? Kann sein, muss aber nicht. Für Röder sind Wolfsspuren nichts Außergewöhnliches. Er hat sie auch früher schon mal gesehen. Bereits zu DDR-Zeiten waren immer mal wieder Wölfe von Polen herübergewechselt. Kein Grund zur Aufregung, denkt sich der Forstmann.

Doch dann kommen immer mehr Hinweise: Bundesförster, Jäger und Waldarbeiter finden Spuren, sehen für kurze Momente ein wolfähnliches Tier, stehen auch immer wieder mal vor Resten eines gerissenen Rehs, Rothirschkalbs oder eines eingebürgerten Muffelschafs. Der Verdacht erhärtet sich: Ein Wolf lebt in der Muskauer Heide, wie die Region von der Neiße im Osten bis zur Schwarzen Elster im Westen genannt wird. Kurz entschlossen untersagt Röder den Abschuss von wildernden Hunden im Bundesforst, will um jeden Preis verhindern, dass ein Jäger oder Förster den Wolf erlegt. Die Begründung »Verwechslung mit einem Hund« soll in seinen Revieren nicht möglich sein.

Ende 1996 ist für Röder und seine Revierförster völlig klar: Es lebt mindestens ein Wolf in der Muskauer Heide. Im Jahr 1998 sind es zwei. Und zwei Jahre später sechs: zwei Elterntiere und ihre Welpen, das erste Wolfsrudel in Deutschland seit über hundertfünfzig Jahren.

Die Bundesförster machen kein Aufheben um die Tiere. Das, so denkt sich Röder, ist der beste Schutz für die Wölfe. Wer nicht weiß, dass es sie gibt, kann auch keine Angst vor ihnen haben, kann nicht gegen sie hetzen und die Stimmung aufheizen. »Das schlechte Image«, so seine Überzeugung, »hat der Wolf wahrhaftig nicht verdient.« Er ist stolz auf die Neubürger im Revier. »Dass wir hier Wölfe haben«, meint er, »zeigt, dass die Natur noch weitgehend intakt ist.« Auf dem Truppenübungsplatz finden die Tiere viele ungestörte Bereiche, haben Raum zum Jagen und gute Chancen, reichlich Beute zu machen.

Eine Werbung auch für die Bundeswehr, der Hausherrin des Wolfreviers. Wenn das seltenste Säugetier Deutschlands ihren Truppenübungsplatz zur Heimat auserkoren hat – so sehen es die Militärs –, dann kann der Übungsbetrieb der Natur nicht ernsthaft schaden. Kommandanten, Soldaten und Bundesförster der Muskauer Heide freuen sich über »ihre« Wölfe und wollen sie auf »ihrem« Übungsplatz, in »ihrem« Revier halten.

Anfangs widmen sich nur vereinzelte Artikel in Jagdzeitschriften den Wölfen in Deutschland. Im Januar 2001 erscheint in der lokalen *Lausitzer Rundschau* ein erster Bericht, von Rolf Röder lanciert, um Gerüchten vorzubeugen. Der oberste Schutzherr der Wölfe in Sachsen, das Sächsische Staatsministerium für Umweltschutz und Landwirtschaft (SMUL), zögert noch, die Nachricht zu verbreiten. Man will den Mantel des Schweigens über die grauen Einwanderer legen. Zu groß ist

Wölfe wissen sich gut zu verbergen. Nur selten bekommt ein Mensch sie zu Gesicht.

Erstmals seit hundertfünfzig Jahren lebt ein Wolfsrudel mit Welpen in Deutschland. (Foto: Gehegetiere)

die Sorge, dass die Wölfe nicht von der Bevölkerung akzeptiert werden, dass Stimmung gegen die polnischen Einwanderer gemacht wird. Das wollen die Politiker um jeden Preis verhindern, denn sie sind dem Artenschutz verpflichtet. Der Wolf genießt nach Europäischem Recht den höchsten Schutz, den ein Tier überhaupt haben kann, es muss alles getan werden, um ihn zu erhalten.

Doch die Kunde von den grauen Vierbeinern in Sachsen sickert unaufhaltsam durch die Republik, lässt sich nicht aufhalten. Das SMUL kann nicht länger warten. »Isegrim fühlt sich wohl in Sachsen«, verkündet das Ministerium daher im Sommer 2001 in einer Presseerklärung und macht damit erstmals die Wölfe offiziell bekannt. Zeitungen berichten nun bundesweit, Filmteams bitten um Dreherlaubnis, Wolfsfans wollen die Tiere sehen, Biologen sie erforschen. Bei Michael Gruschwitz, dem Artenschutzreferenten des Umweltministeriums, stapelt sich die Post auf dem Schreibtisch – keine andere Nachricht hat jemals für so viele Anfragen gesorgt. Gruschwitz lehnt die meisten ab. »Das fehlte gerade noch, dass wir die Tiere gleich wieder vergraulen«, so die Begründung des promovierten Biologen. Ruhe statt Rummel, das ist seine Devise.

Im März 2002 schließlich lädt das SMUL Fachleute und Journalisten zu einem Treffen, dem ersten dieser Art in Deutschland. Die Teilnehmer sind zu Gast auf dem Gelände der Truppenübungsplatzkommandantur in Weißkeißel. Umweltminister Steffen Flath bezeichnet die Lausitzer Wölfe als »Geschenk für Sachsen«. Er sieht in den Tieren ein Werbepotenzial für die von Arbeitslosigkeit geprägte Region, bewertet die Ansiedlung der grauen Vierbeiner als einen »Beweis für eine Naturlandschaft, wie es sie kein zweites Mal in Mitteleuropa gibt«.

Auf dem Treffen tauschen sich Wissenschaftler, Naturschützer und Forstleute über den Schutz der Lausitzer Wölfe aus und bekommen zum ersten Mal eine längere Filmsequenz von einem wilden deutschen Wolf zu sehen. Tierfilmer Uwe Anders hat sie im Auftrag des NDR gedreht. Sie sind das Highlight einer Reportage über die Rückkehr der Wölfe nach Deutschland, produziert von Filmautor Holger Vogt. Der 46-jährige Journalist hat das Vertrauen des Sächsischen Umweltministeriums gewonnen und eine Dreherlaubnis erhalten, hat überzeugen können, dass er mit seinem Film der Aufklärung und Werbung für die Wölfe diene, statt das Märchen vom »Bösen Wolf« zum abertausendsten Male zu erzählen.

Während Wissenschaftler und Umweltschützer noch immer heftig diskutieren, ob man über die Wölfe so wenig wie möglich reden solle, um Ängste gar nicht erst zu schüren, oder offensiv aufklären, um solche

Bei Boxberg grenzt Truppenübungsplatz an Tagebau. Beides haben die Wölfe zum Revier erkoren.

Ängste abzubauen, haben die Oberlausitzer Bürger schon längst auf ihre ganz eigene, besonnene Weise reagiert. Die meisten unter ihnen kümmern sich nicht viel um die grauen Zuzügler, arrangieren sich schlicht mit ihnen.

»Angst? Ach was! Da hab ich schon ganz anderes erlebt«, sagt ein Bürger des kleinen Ortes Daubitz in die Kamera des Journalisten Vogt. »Die tun doch nichts, tun sie doch nicht, oder?«, meint etwas zweifelnd eine Frau ein paar Häuser weiter. Ein Dritter weiß zu berichten, dass man den Wolf schon gesehen habe, drüben am Bach, nur dreihundert Meter weit weg. »Normalerweise sind die ja scheu …«, sagt er und räumt dann ein: »Na, ich will mal sagen, wenn sie zu nahe kommen. A bissl Angst ist dabei, vielleicht.« Doch es ist bislang eben nur »a bissl« Angst bei den meisten, es sind nur wenige, die den Wolf wirklich fürchten, die ihn wieder loswerden wollen.

Doch jetzt, mit achtzehn toten und verletzten Schafen sieht alles ganz anders aus. Die Schlagzeilen am nächsten Tag bestätigen die schlimmsten Befürchtungen der Wolfsbefürworter. Und nur zwei Nächte später kommen die Grauen wieder, reißen erneut drei Schafe und verletzten drei andere so stark, dass Schäfermeister Neumann keine Chance für sie sieht. Damit erhöht sich die Zahl der gerissenen Tiere auf insgesamt 33. Haben nun die Wölfe ebenfalls keine Chance mehr bei den Menschen in der Oberlausitz?

Eine bange Frage, die sich auch eine Biologin aus Brandenburg stellt. Am Morgen nach dem zweiten Schafsriss geht eine junge Frau, hoch gewachsen, schlank, mit blonden, schulterlangen Haaren, suchend auf der Weide umher, bückt sich, prüft Spuren, untersucht mit geübten Griffen die getöteten Schafe, fragt den Jagdpächter, den Schäfer, jeden, der ihr etwas über das Geschehene erzählen kann. Gut ein Jahr ist die 31-jährige Gesa Kluth den Wölfen in der Muskauer Heide auf der Spur. Seit sie Anfang 2001 von dem Wolfsrudel erfahren hat, investiert sie ihre ganze Freizeit, um mehr über das erste deutsche Wolfsrudel unserer Zeit herauszufinden. Wie groß ist ihr Revier? Wie viele sind es? Wo jagen sie? Was jagen sie?

Mit offizieller Erlaubnis der Bundeswehr geht sie den Spuren nach und sammelt Losung. Sie spricht mit Bürgern, Jägern und Förstern, wirbt für die Wölfe, wo immer sie kann. Bundesförster Rolf Röder freut sich über die engagierte Biologin, ist an ihren Ergebnissen interessiert. Die bescheidene Wissenschaftlerin hat auch den Artenschutzreferenten des SMUL, Michael Gruschwitz, überzeugt: Sie will nur arbeiten, Wissen sammeln über die Wölfe und keine großen, teuren Forschungsprojekte ins Leben rufen. Gruschwitz lässt sie gewähren, hat das Gefühl, dass sie verantwortungsbewusst mit dem heiklen Thema umzugehen weiß.

Auf der Konferenz in Weißkeißel sitzt Gesa Kluth zum ersten Mal vor Publikum auf dem Podium, steht Journalisten Rede und Antwort. Wenig später hat sie in der Sendung »Aktuelle Schaubude« ihren ersten Auftritt vor der Kamera. Doch auf ihre Anfrage beim Sächsischen Umweltministerium, ob sie nun ganz offiziell Aufklärungsarbeit über die Wölfe in Sachsen betreiben und die Menschen auf die Rückkehr der grauen Räuber vorbereiten könne, hat das Ministerium bislang nicht reagiert.

Mit den toten Schafen ändert sich die Situation schlagartig. Jetzt kommt alles auf Aufklärung an, auf Schadensbegrenzung, Vorsorge und eine sachliche Öffentlichkeitsarbeit – kurz: auf ein gutes »Wildtiermanagement«. Diese ganz besondere Form, wilde Tiere zu schützen, hat in Deutschland so gut wie keine Tradition. Im klassischen Natur- und Artenschutz dreht sich fast alles um das bedrohte Tier. Ganze Landstriche werden als Naturschutzgebiete oder Nationalparks ausgewiesen, der Mensch teilweise ausgegrenzt, damit die seltene Art sich gut entfalten kann. Für Wachtelkönig, Gelbbauchunke oder Laufkäfer kann das auch durchaus funktionieren. Wölfe hingegen sind mit so einer Politik nicht zu schützen. Als Meister der Anpassung suchen sie sich ihren Lebensraum selbst, lassen sich nicht auf bestimmte Areale beschränken, dringen in den Lebensraum des Menschen ein und sorgen in der intensiv genutzten Kulturlandschaft nahezu unausweichlich für Konflikte.

In Nordamerika mit seinen Braunbären, Schwarzbären und über siebzigtausend Wölfen weiß man schon lange, dass solche konfliktträchtigen Großraubtiere nur dann zu schützen sind, wenn die Menschen vor Ort sie auch tolerieren. Die Wünsche, Sorgen und Ängste der Bevölkerung müssen bei einem erfolgreichen Management genauso ernst genommen werden wie die Belange des Wildtieres. Es gilt, Lösungen für ein Miteinander von Tier und Mensch zu erarbeiten – und zwar zusammen mit allen beteiligten Interessensgruppen.

In den USA existiert eine eigenständige nationale Behörde für Wildtiermanagement, die mit erheblichen Finanzmitteln ausgestattet ist. Alles zusammen gerechnet, werden in den USA für *Wildlife Management* umgerechnet über eine Milliarde Euro pro Jahr veranschlagt.

In Mitteleuropa sind die Verhältnisse ganz andere. Staatliche Strukturen für ein Wildtiermanagement nach amerikanischem Muster sind bislang nur wenig ausgebildet, die Verantwortung für große Wildtiere liegt im wesentlichen in den Händen der Jäger und wird durch Jagdgesetze geregelt. Staatlich unterstützte Projekte wie das Bibermanagement in Bayern oder das Gänsemanagement in Brandenburg sind jung und außerdem selten. Traditionsgemäß reagieren die Behörden oft erst, wenn das Kind schon in den Brunnen gefallen – sprich, der Schaden schon entstanden ist.

In jeder freien Minute ist die Biologin Gesa Kluth den Wölfen in der Muskauer Heide auf der Spur.

Die Bundesförster haben sie zuerst entdeckt: wilde Wölfe auf dem Truppenübungsplatz Oberlausitz.

Als ein progressiver Vorreiter in Sachen Wolf erwies sich das Land Brandenburg: Nachdem seit der Wende immer häufiger Wölfe von Polen her einwanderten, ließ das Land 1994 einen Managementplan entwickeln. Das Papier, von einer Gruppe Wildbiologen, der »Wildbiologischen Gesellschaft München«, ausgearbeitet, enthält präzise Vorschläge für den Schutz des Viehs, Schadensregelung, Öffentlichkeitsarbeit und Überwachung der Tiere – die entscheidenden Säulen für ein Raubtiermanagement. Doch mit den ersten Wölfen, die allesamt abgeschossen, überfahren oder eingefangen worden waren, verschwand mangels Nachschub aus dem Osten auch der Plan in der Schublade.

Nach den Schafsrissen in Mühlrose bekommt Gesa Kluth vom Sächsischen Umweltministerium den Auftrag, als Expertin die Schafe zu begutachten und die Schäfer zu beraten. Was in Brandenburg nur auf dem Papier geschah, soll nun in der Oberlausitz Praxis werden: ein Wolfsmanagement. Das ist es, was sich die junge Frau so lange gewünscht hat, worauf sie mit aller Entschlossenheit und allem Fleiß hin gearbeitet hat: dass sie endlich ihre Leidenschaft zu ihrem Beruf machen kann. Doch Gesa Kluth mag sich nicht recht freuen. Sie sieht die toten Schafe, liest die Schlagzeilen in den Zeitungen, sieht die Sorge im Gesicht des Schäfers, hört erste Äußerungen von verunsicherten Bürgern, dass es ja nun wohl ein Ende haben müsse mit den Wölfen hier in Sachsen ...

Werden jetzt doch die alten Ängste vor dem Wolf zu neuem Leben erweckt? Wird die Geschichte des ersten deutschen Wolfsrudels in Deutschland nach hundertfünfzig Jahren jetzt wieder enden, kaum dass sie begonnen hat?

Knapp vier Wochen vor dem Unglück in Mühlrose wird in der Reihe EXPEDITIONEN INS TIERREICH der Film des Autors Holger Vogt ausgestrahlt. Mit Tierfilmer Uwe Anders als Kameramann hat Vogt die Geschichte erzählt, wie die Wölfe nach Deutschland gekommen sind, wie die Wolfsspezialistin Gesa Kluth um ihre Akzeptanz in der Bevölkerung wirbt und wie die Menschen in der Region reagieren. Die Filmer waren immer wieder überrascht über die positive Einstellung der Förster, der Bundeswehrkommandanten und vor allem der Bürger. Sie wissen, dass sie damit etwas ganz Besonderes erlebt haben. Denn fast überall, wo sich der Wolf in Europa in den letzten Jahren wieder anzusiedeln versucht, schlagen ihm Hass und Angst entgegen.

Als Holger Vogt von Gesa Kluth die Schreckensnachricht über die gerissenen Schafe erhält, ist ihm sofort klar: Schon jetzt ist sein erster Film überholt, braucht eine Fortsetzung. Wie geht es nun weiter? Wie werden die Menschen reagieren? Wie werden die Wissenschaftler und

Politiker das Problem angehen? Was kann man tun, damit so etwas nicht wieder passiert?

Vogt und Anders wollen diesen Fragen nachgehen. Die Menschen, die sie kennen gelernt haben, der Schutz der Wölfe, die Lausitz – all das ist ihnen wichtig geworden. Sie wollen wissen, wie es weitergeht. Sie wollen nicht nur einen neuen Film produzieren. Sie wollen auch aufräumen mit den Schauermärchen, die von einigen Medienvertretern, von der *Bild* bis zum *Spiegel*, gerade erst wieder verbreitet worden sind. Die Filmer möchten den Wolf als das zeigen, was er ist: ein Raubtier, das andere Tiere töten muss, um zu überleben. »Ein Wolf ist keine Bestie. Aber er ist eben auch kein Vegetarier, genauso wenig wie ein Hund«, sagt Vogt. »Das muss man den Menschen einfach klar machen – jetzt mehr denn je.«

Die beiden wissen, dass sie keine einfache Aufgabe vor sich haben. Auch wenn es ihnen vor allem um Aufklärung und nicht um einen klassischen Wolfsfilm mit schönen Bildern geht, wird es nicht mehr ausreichen, nur ein paar kurze Aufnahmen vom deutschen Wolf zu zeigen. Die hat der Zuschauer schon im ersten Film gesehen. Jetzt will er mehr, jetzt wollen auch Uwe und Holger mehr: Wird es ihnen gelingen, ein ganzes Rudel vor die Kamera zu bekommen? Oder gar Welpen? Uwe Anders erinnert sich allzu gut daran, wie schwer es war, auch nur *einen* Wolf zu zu filmen. Damals, vor gut zwei Jahren, als ihm das gelang, war es *die* Sensation.

2. KAPITEL

DIE SENSATION –
DEUTSCHE WÖLFE VOR DER KAMERA

Oktober 2001: Ruhe nach dem Gefecht. Es wird Abend auf dem Truppenübungsplatz Oberlausitz in Sachsen. Auf einem Hochstand bereitet sich Tierfilmer Uwe Anders auf einen langen Abend vor. Er wartet, wie er die letzten zwanzig Abende auch gewartet hat. Und er hofft, wie schon die letzten zwanzig Abende und Morgen auf dem Hochstand: dass sie ihm heute endlich gelingt – die erste Filmsequenz von Wölfen in Deutschland.

Der Oktober hat dem Herbst mit seinen Stürmen und nasser Kälte bislang getrotzt. Warm und sonnig sind die Tage und die Abende mild. In den Nächten aber zeigt sich schon die wahre Jahreszeit, es wird feucht, und klamme Kälte dringt durch den Schlafsack, in dem der 39-jährige Filmer die dunklen Stunden verbringt. Aber es lässt sich noch aushalten. Kein Vergleich zu den bitterkalten Nächten in Island, wo er vor einigen Jahren Polarfüchse gefilmt hat. Sein Zelt hatte er direkt neben dem Bau der Fuchsfamilie aufgebaut. Wenn er nach einigen Stunden Schlummers in der ewigen Helligkeit sein Kaffeewasser aufbrühte, tollten die Welpen um den Frühstücksplatz herum. Selbst die Alttiere, kaum größer als Dackel, waren völlig furchtlos. Es fehlte nicht viel, und sie hätten sich streicheln lassen.

An solche Begegnungen mit einem Wolf ist nicht zu denken. Kaum ein Tier ist so vorsichtig wie er. Vor neun Monaten, Anfang 2001, hat Uwe die Arbeit an dem Film begonnen. Geplant war sie noch viel länger. Schon 1997 hatte ihn der Journalist Holger Vogt das erste Mal gefragt, ob er Zeit und Lust hätte, einen Film über die Rückkehr der Wölfe mit ihm zu machen. Uwe war skeptisch, sehr skeptisch. Einen Film über Wölfe zu machen, das ist selbst in wolfsreichen Ländern wie Kanada, wo immerhin noch fünfzig- bis sechzigtausend der Raubtiere leben, ausgesprochen schwierig. Einen Wolf zu überlisten gelingt auch erfahrenen Wolfsforschern und Tierfilmern kaum. Fast immer weiß das Tier viel eher, wo der Mensch ist, als umgekehrt. Bildfüllende Aufnahmen,

das hat Uwe von Kollegen erfahren, gelingen in der Regel nur mit zahmen Wölfen oder allenfalls im amerikanischen Yellowstone Nationalpark, wo die Raubtiere nicht gejagt werden und an Touristen gewöhnt sind. Und dann wollte Holger allen Ernstes einen Film über Wölfe in Europa machen, womöglich sogar in Deutschland? Wo alle Jubeljahre mal irgendwo von irgendwem ein Wolf gesehen wird? Wo man gar nicht weiß, ob es wahr oder nur ein Hirngespinst ist? Und wenn denn wirklich mal jemand einem Wolf begegnete, dann geschähe das wahrscheinlich nur einmal. Danach wäre der Wolf tot.

Die Geschichte der Wölfe in Deutschland ließ für Uwe gar keinen anderen Schluss zu. Seit Mitte des 19. Jahrhunderts gilt der Wolf in Deutschland als ausgestorben. Wann immer sich danach einzelne Tiere blicken ließen, waren sie dem Tod geweiht. Die Bauern und Jäger ließen nicht locker, bis sie den »bösen Wolf« zur Strecke gebracht hatten. Die vierbeinigen Einwanderer fielen allesamt der Flinte oder der Schlinge zum Opfer. In jüngerer Zeit kamen manchmal Autofahrer den Jägern zuvor, aber am Ergebnis änderte das nichts: War er erst mal entdeckt,

Warten, warten, warten. Über achtzig Tage sitzt Tierfilmer Uwe Anders auf die Wölfe an.

Endlich hat er ihn: einen wilden deutschen Wolf vor der Kamera. Uwe Anders gelangen im Jahr 2001 die ersten Bildsequenzen.

hatte kein Wolf in Deutschland länger als wenige Wochen überlebt – trotz der seit 1990 im ganzen Land geltenden Schutzgesetze.

Uwe hatte also guten Grund, skeptisch zu sein. »Wir kriegen einen, da bin ich ganz optimistisch«, versuchte Holger immer wieder zu überzeugen. Aber auch der Filmautor wusste: Die Geschichte von der Rückkehr der Wölfe würden sie im Wesentlichen mit Aufnahmen von Gehegetieren bebildern müssen. Und dazu hatte Uwe keine Lust. Bislang hatte er immer nur »wilde« Tiere gedreht, zuweilen sogar ziemlich wilde! Nashörner in Südafrika beispielsweise. Er sieht sich selbst noch oft in der Erinnerung an dem Akazienast hängen, während das Nashorn wutschnaubend darunter hindurchfegte. Mit aller Wucht stieß es sein gewaltiges Horn nach oben, wollte den verhassten Störenfried herunterholen – und verfehlte dessen Hinterteil nur um Millimeter. Später kann Uwe darüber lachen, aber in dem Moment ging es ums nackte Überleben. Genauso wie in Norwegen auf dem Dovrefjell, als ein Moschusochse den Filmer einen Steinhang hinabjagte und Uwe schon glaubte, die Hörner im Rücken zu spüren ... bis der Koloss endlich abdrehte. Aber so furchterregend diese Tiere auch waren, man sah sie. Man konnte sie filmen, Filmmeter um Filmmeter, und musste nicht wochenlang auf sie warten.

Aber Holger ließ nicht locker, versuchte ihn immer und immer wieder zu gewinnen. Und so fing Uwe eines Tages doch an, Wölfe zu drehen. Im Gehege. Es machte sogar Spaß, die Tiere waren selbst in Gefangenschaft interessant. Doch dann, mit der Nachricht von Wölfen in Sachsen, fassten die beiden Filmer wieder Hoffnung. Vielleicht gelang es ja doch, einen wilden Wolf zu filmen ... mit Geduld, sehr viel Geduld.

An diesem Oktoberabend wartet Uwe nun zum zwanzigsten Mal. Jeden Morgen hockt er auf dem Hochsitz, eine Brandschutzschneise im Blick. Jeden Abend hockt er auf demselben Hochsitz, dieselbe Brandschutzschneise im Blick. Das stumpft ab, selbst wenn das Wetter schön ist. Selbst wenn mal ein Rothirsch die Schneise überquert oder eine Rotte Wildschweine. Das riesige Manövergebiet ist nach Feierabend menschenleer. Die Wildnis ist für die Öffentlichkeit gesperrt, weshalb sich viele, anderswo seltene Tiere hierher zurückgezogen haben und nahezu ungestört vermehren. Viel Wild, kaum Menschen: Das könnte die Wölfe aus dem nahen Polen angezogen haben. Wölfe, die Uwe nicht sieht.

Doch er weiß, dass sie da sind, hier auf diesem Truppenübungsplatz. Er hat mit Gesa gesprochen, die ihre Spuren gefunden hat, mit den Bundesförstern, die sie gesehen haben. Er hat selbst schon ihre Fährten entdeckt, mehrmals. Und er hat sie gehört, ihre Schritte im Laub, ganz nah, direkt unter seinem Hochsitz. Er hat sich kaum getraut,

Luft zu holen. Er war ganz sicher, das sie es waren. Aber gesehen hat er sie nicht. Es war dunkel.

Auch an diesem Abend wird es immer dämmeriger, gleich lohnt es sich nicht mehr, länger zu warten. Ein Seeadler hebt ab und streicht über die Schneise. Die großen Vögel sind hier ein so vertrauter Anblick wie anderswo Bussarde. Eine Hirschkuh kommt ins Blickfeld. Uwe stellt die Kamera scharf, schwenkt nach rechts, dreht. Wenn sonst schon nichts los ist ...

Die Hirschkuh zögert, traut sich nicht, die Schneise zu betreten. Sie hebt den Kopf und wittert. Dann läuft das große Tier los, überquert rasch den breiten Sandstreifen und verschwindet aus Uwes Bildfenster. Er löst den Blick vom Objektiv, schaut über die Kamera. Es ist inzwischen fast dunkel, Zeit, aufzuhören. Und dann sieht er ihn ...! Gemächlich trabt er in der Autospur. Rasch stellt Uwe scharf, reißt ein wenig zu rasch am Schärfering, reguliert: Endlich ... er hat ihn: einen wilden deutschen Wolf vor der Kamera.

3. KAPITEL

DEUTSCHE WÖLFE SIND POLNISCHE WÖLFE

Frühe neunziger Jahre: Silbern schimmert das Band des großen Flusses vor ihm. Unwillig schüttelt er sich. Es ist kalt in dieser Januarnacht, sternenklar, vollmondhell. Er liebt keine hellen Nächte. Und keine Wege ohne Deckung. Aber er will durch diesen Fluss, dessen Ufer kahle Deiche säumen. Nackte, endlos lange Wälle ohne jedes Gebüsch, das ihn vor Blicken schützen könnte. Er ist vorsichtig. Ein Geruch steckt ihm in der Nase, seit drei Tagen schon. Der Geruch nach Menschen. Irgendwo da drüben am anderen Ufer müssen sie sein.

Der junge Wolf ist noch nie Menschen direkt begegnet, hat sie immer nur aus der Ferne gesehen oder gehört. Aber die Drahtschlinge, in der im Herbst seine kleine Schwester starb, hatte nach Mensch gerochen. Der Wolf hatte ihr klägliches Jammern gehört, bis sie schließlich verstummte, für immer. Die Schlinge war von Wilderern für Hirsche ausgelegt worden, nicht für die kleine Wölfin. Aber das tückische Fanggerät macht keinen Unterschied zwischen Huf und Pfote, zwischen Hirsch und Wolf. Das qualvolle Ende ist für jeden, der hineingerät, das Gleiche. Wenn seine Mutter Menschen witterte oder nur von Ferne ihre Stimmen hörte, spürte er ihre Vorsicht. An ihrer linken Schulter hatte sie eine Narbe, Erinnerung an wochenlange Schmerzen nach einem Streifschuss. Sobald einer der Älteren Menschen roch, mussten er und seine drei Geschwister ihre spielerische Balgerei beenden und sofort in der Höhle verschwinden.

Das kam durchaus öfter vor. Dort, wo er geboren worden war, liefen immer mal wieder Menschen durch den Wald. Sie kamen aus der Stadt, aus Posen (Poznań), und suchten Erholung in der Puszcza Notecka, dem großen Wald zwischen den Flüssen Warta und Noteć. Doch sie erschienen immer nur am Tage. Dann waren sie laut, aber nicht gefährlich. Nachts kamen sie selten. Dann waren sie leise, und die älteren Wölfe waren vorsichtig. Sie haben ihn immer rechtzeitig gewarnt und ihn beschützt. Heute am großen Fluss beschützt ihn keiner.

Der Weg von Polen nach Deutschland führt durchs Wasser – für Wölfe kein Problem, selbst wenn sie schwimmen müssen.

23

Bei Familie Wolf kümmern sich die älteren Geschwister liebevoll um die kleineren.

Über hundert Kilometer liegen zwischen ihm und dem alten, erweiterten Dachsbau, in dem seine Mutter ihn zur Welt gebracht hat. Der junge Rüde ist es nicht gewohnt, allein zu sein. Er ist in einer Großfamilie aufgewachsen, so, wie es für seine Art typisch ist. Immer war er von anderen umgeben, seit seiner Geburt bis heute. Er wurde von seinen Eltern und älteren Geschwistern mit Nahrung versorgt, folgte ihnen später zur Jagd und schaute zu, wie sie Beute aufstöberten, sie verfolgten und mit einem sicheren Sprung zu Fall brachten und töteten. Seine älteren Geschwister, die Babysitter seiner Kinderzeit, verschwanden allesamt, liefen weg im Dunkel der Nacht, einer nach dem anderen. Und seine Eltern bekamen wieder Welpen. So, wie seine älteren Geschwister ihn versorgt hatten, kümmerte er sich dann um die Kleinen. Er lernte nach und nach, selbständig Beute zu machen, durfte aber noch immer bei den Eltern mitfressen.

Inzwischen war er über anderthalb Jahre alt und schon lange kein Welpe mehr. Die harmlosen Balgereien zwischen ihm und den Geschwistern wurden immer verbissener. Die Alten würden sich bald wieder paaren. Sein Rudel bestand wie die meisten Wolfsrudel der Welt einfach aus einer Familie: aus den Eltern und deren Jungen. Und wie es eben in Familien üblich ist, haben die Alten, solange die Jungen von deren gedecktem Tisch essen, das Sagen.

Er hatte nun alles gelernt, was für ein Wolfsleben wichtig ist: Er hatte Welpen versorgt, konnte sich in der Körpersprache seiner Art unmissverständlich verständigen, wusste, wie man Beute macht. Er war so weit, selbst eine Partnerin zu suchen, selbst ein Rudel zu gründen. Bliebe er im Revier der Eltern, hätte er keine Chance. Ein Sohn paart sich nicht mit der Mutter, und fremde Wölfinnen würden das Revier nie betreten, solange die Eltern lebten und es verteidigten. Der junge Wolf musste gehen. Eines Abends im Januar lief er los.

Er lief – Stunde um Stunde, Tag um Tag, immer nach Westen. Er trabte durch Wälder, hetzte über baumlose Felder, kroch durch dornige Hecken, schwamm durch Flüsse, lief alte Urstromtäler entlang. Er orientierte sich an Höhenzügen, Flussläufen, Tälern, suchte den leichtesten Weg. Er lief Pfade, die schon viele Wölfe vor ihm gelaufen waren, eben, weil sie am einfachsten zu überwinden waren und die wenigsten Hindernisse boten. Die Menschen nennen sie die »alten Wolfspfade«. Aber für jeden Wolf sind sie neu, keine »Landkarte« ist ihm einprogrammiert. Nur der Drang, abzuwandern, sich zu paaren und ein Rudel zu gründen, liegt in seinen Genen.

Er hätte bleiben können. Nicht im Revier seiner Eltern, aber in der Nähe. Westlich der Puszcza Notecka gab es keine anderen Wolfsrudel, die ihn vertrieben hätten. Der Platz war frei für ihn. Er hätte einfach die

Ohne Langstreckenwanderer hätten es die Wölfe nie geschafft, nahezu die gesamte Nordhalbkugel zu erobern.

Grenzen des Heimatrevieres überschreiten und sich als Nachbar der Eltern ansiedeln können. Wie ein Spross aus dem Stamm, eine Methode, die viele Jungwölfe nutzen. Sie wäre einfacher gewesen. Aber er hatte sich anders entschieden. Er lief, als ob er ein Ziel hätte, als sei er genetisch darauf programmiert, Strecke zu machen. Vielleicht ist es so. Bis heute wissen die Wissenschaftler nicht, warum manche Wölfe nur wenige Kilometer und andere viele hundert abwandern. Doch ohne solche Langstreckenläufer wie ihn hätte es seine Art nicht so weit gebracht. Ohne ihre Pioniere hätten es die Wölfe vielleicht niemals geschafft, nahezu die gesamte Nordhalbkugel zu erobern, ein größeres Terrain als jedes andere Säugetier der Welt.

Der junge polnische Wolf wusste den Weg, ohne ihn zu kennen. Er war ein Getriebener. Nicht nur vom Hunger auf Fleisch, den er inzwischen kennen gelernt hatte. Da war noch ein anderer Hunger in ihm, ein nie zuvor empfundener: der Drang, eine Wölfin zu finden, Welpen zu zeugen, ein Rudel zu gründen.

Er schlug sich durch bis zu dem großen Strom, riss Rehe, stahl

Hühner und jagte Hasen. Noch war er nicht so geschickt im Jagen wie die Alten in seinem Heimatwald. Aber es hatte gereicht, gerade so. Und dann – er konnte den großen Fluss schon riechen, ganz in der Nähe des kleinen polnischen Dörfchens Mieszkowice – hörte er Stimmen, vertraut und doch so fremd: Wölfe! Das erste Mal seit seinem Aufbruch waren wieder Seinesgleichen in der Nähe. Das Heulen sagte ihm, woran er war. Er erkannte, dass es mehrere waren, hörte zwei Ältere und einige Jungtiere heraus. Da wusste er: Das Revier war besetzt, hier würde er kein eigenes Rudel gründen können. Er musste auf eine andere Stimme warten, eine, die genauso einsam klang wie seine.

Der junge Wolf will den großen Strom überwinden, will nicht am Ostufer bleiben. Er spürt die Reviermarkierungen mit seiner feinen Nase auf, die Bestätigung dessen, was ihm das Heulen schon verraten hat: Hier leben ein Rüde und eine Fähe – ein Paar. Kein freier Platz für ihn auf den oberen Rängen.

Noch zögert er, wie schon seit drei Tagen. Noch weht dieser Geruch vom anderen Ufer herüber. Aber bislang ist von den Menschen drüben keine Gefahr ausgegangen.

In der letzten Viertelstunde der Dämmerung taucht er in das kalte Wasser ein. Er schwimmt, wie er läuft. Kraftvoll, zügig. Er weiß nicht, dass er in diesem Augenblick eine Grenze überquert. Dass er sein Heimatland verlässt, in dem die Menschen vielerorts gewohnt sind, mit Wölfen zu leben. Am anderen Ufer ist ein anderer Staat, mit anderen Menschen, anderen Strukturen und einer anderen Geschichte. Ein Land,

Balgerei um ein Kaninchen. Nur selten verletzen sich die Wölfe eines Rudels untereinander.

Aus dem Nord- und Südosten Polens erobern Wölfe den Westen zurück. Einige wandern bis nach Deutschland.

das seine letzten Wölfe vor über hundertfünfzig Jahren ausgelöscht hat und das seitdem keinen einzigen Neueinwanderer hat überleben lassen. Wird er willkommen sein?

Wie jede Nacht haben die Beamten des Bundesgrenzschutzes den Fluss zwischen Polen und Deutschland unter Beobachtung. Der Vollmond spiegelt sich silbern im Wasser der träge dahin fließenden Oder. Der schöne Anblick bleibt den Grenzschützern in ihrem Wachhäuschen verborgen. Auf ihren Bildschirmen flackern nur unscharfe Schwarzweißbilder. Doch ihren mit Infrarotfilm ausgestatteten Spezialkameras entgeht keine Bewegung. Die Silhouette eines Menschen zeichnet sich deutlich ab, im vom Wasser aufsteigenden Nebel sieht es aus, als gehe sie durch Watte. Für die beiden Beamten kein Grund zur Beunruhigung: Es ist einer der polnischen Kollegen drüben am anderen Ufer auf seinem üblichen Kontrollgang.

Dann erscheint plötzlich ein dunkler Fleck mitten im Wasser, bewegt sich rasch auf das deutsche Ufer zu. Die zwei Beamten stecken die

Köpfe vor dem Bildschirm zusammen. Etwas durchschwimmt den Fluss, schnell, zielstrebig. Den beiden Beobachtern wird rasch klar: Da ist kein zweibeiniger Grenzgänger unterwegs, da brauchen sie nicht einzugreifen. Was sie sehen, ist ein Tier, ein Hund oder ... nein! Es ist ein Wolf!

Unter den Grenzbeamten sind Jäger, die einen Hund vom Wolf zu unterscheiden wissen. Mehrfach beobachteten sie in den vergangenen Jahren, wie die grauen Räuber den Strom durchschwammen. Nun ist wieder einer angekommen, kaum siebzig Kilometer vom Brandenburger Tor in Berlin entfernt. Die Beamten sind sich sicher: Lange wird der nicht überleben. Doch dieses Mal sollen sie sich irren – ausnahmsweise.

Immer wieder mal beobachten Grenzbeamte Wölfe beim Überqueren von Neiße und Oder.

4. KAPITEL

WÖLFE FRÜHER IN DEUTSCHLAND – VERFEMT, VERHASST, VERFOLGT

E r war der Letzte der Letzten, gehetzt, gehasst, gejagt und geschossen: Der »Tiger von Sabrodt«, wurde am 27. Februar 1904 auf einer Polizeijagd bei Tzschelln erlegt. Der Ort fiel inzwischen dem Tagebau zum Opfer. Heute begrüßt das Tier im Treppenhaus des Hoyerswerdaer Schlosses die Besucher – ausgestopft.

Die Gemeinden waren stolz auf ihre »Letzten« – vorausgesetzt, sie waren tot. Die Schützen trugen den Todfeind kopfunter aufgehängt an einer Stange durch den Ort, setzten ihm Denkmale, ließen sich bejubeln, feierten den Triumph über die »mörderische Bestie«. Fast jede Region in Deutschland hat ihren letzten Wolf, vom »Schrecken von Davert«, geschossen 1835, über den letzten Wolf des Taunus, geschossen 1841, den letzten Eifelwolf, erschossen 1860, den »Tiger von Milten-

Der »Tiger von Sabrodt« war der letzte Wolf von Sachsen. Er wurde 1904 genau dort geschossen, wo heute wieder Wölfe leben.

Der am 27. Februar 1904 im Hoyerswerdaer Forst erlegte »Wolf« (gen. der »Tiger von Sabrodt«). Länge 1 m 60 cm, Höhe 80 cm, Gewicht 41 Kilo. Geschossen vom Förster Brämer, Weisskollm.

nahme von E. Aedtner, Hoyerswerda.

Weltweite Verbreitung des
Wolfs Canis lupus heute.
Einst lebte er in ganz Europa,
Asien und Nordamerika.

berg«, geschossen 1866 im Odenwald, bis hin zu jenem Tiger von
Sabrodt, geschossen 1904. Sie waren wohl allesamt Streifwölfe aus
dem Westen oder Osten, auf der Suche nach Partner und Revier. Allein
der Hoyerswerdaer Wolf mag einem Zirkus entlaufen sein, Genaueres
ist nicht bekannt. Heute verstauben die einst so Verhassten kaum be-
achtet in Museen.

Kein Tier hat die Phantasie des Menschen jemals so beflügelt wie
der Wolf. Bei den Naturvölkern Nordamerikas galt er als Jagdgenosse und
Lehrer, oft weit bis in die moderne Zeit. Erst die europäischen Eroberer
brachten den Hass auf den Wolf auch in die Neue Welt und führten
dort den Feldzug fort, den sie in Europa schon lange begonnen hatten.

Der Wolf war einst einer der erfolgreichsten Eroberer unter den
Säugetieren. Der perfekte Anpassungskünstler besiedelte fast die ge-
samte Nordhalbkugel – von der arktischen Tundra über die Wüsten des
Mittleren Ostens bis zum tropisch heißen Süden Asiens. Weltweite
Verfolgung verkleinerte das Areal der Wölfe im Laufe der Jahrhunderte
beträchtlich. In Nordamerika lebt er zahlreich nur noch in Alaska und

Eine Wölfin säugt die Zwillinge Romulus und Remus, die späteren Gründer Roms: Gemälde von P.P. Rubens.

Kanada, in den Vereinigten Staaten überlebte nur eine größere Population im Staate Minnesota. Russland hat die meisten Wölfe weltweit, allein im europäischen Teil 35 000. Und nirgendwo haben die Tiere einen so schweren Stand: Jedes Jahr sterben 14 000 durch Gift, Fallen oder Jagd, für sie gibt es keine Schonfrist. In Asien sind sie noch vielerorts anzutreffen, allerdings in oft kleinen Populationen: von der Mongolei über Indien, Korea bis hin zur Türkei und Israel. Sichere Zahlen liegen jedoch kaum vor.

Den dramatischsten Schwund erlebten Wölfe in Europa. Noch im 17. Jahrhundert kamen sie auf dem gesamten Kontinent vor. Heute leben sie nur noch im ehemaligen Jugoslawien, in Rumänien und Bulgarien, Nordgriechenland und Albanien, in Polen, Spanien, Italien und der Slowakei. Kleine Bestände gibt es in Italien und Skandinavien – noch oder inzwischen wieder. Denn die Wölfe sind ganz allmählich auf dem Rückmarsch: von Russland über Finnland nach Schweden und Norwegen, von Italien nach Frankreich und in die Schweiz und von Polen nach Deutschland. Sie erobern lediglich verlorenes Terrain zurück, ein

Terrain, in dem sie nur aus einem einzigen Grund verschwunden sind: wegen gnadenloser Verfolgung durch den Menschen.

Nach der letzten großen Eiszeit hatte Wald von Mitteleuropa Besitz ergriffen. Große Tiere wie Rothirsche und Wisente bevölkerten den Kontinent: reichlich Beute für den Wolf. Doch auch die Menschen der Jungsteinzeit waren hinter diesen Tieren her, ernährten sich von allem, was die Natur ihnen bot. Wolf und Mensch waren auf das Gleiche aus. Doch zunächst kamen sie sich kaum in die Quere, es gab genug für beide.

Noch in der Antike, in der römischen und griechischen Vorstellungswelt, die große Teile Europas lange Zeit beherrschte, spielte der Wolf keine entscheidende Rolle. Die Herrschenden und Intellektuellen, von denen die meisten Berichte überliefert sind, lebten in den Städten, kamen mit Wölfen nicht in Berührung. Was die Landbevölkerung fühlte und dachte, ist nicht überliefert. Die Legende von der Gründung Roms durch Romulus und Remus, ausgesetzt und von einer Wölfin aufgezogen, vermittelt sogar ein positives Bild von diesem Tier. Noch heute gilt die Wölfin – *La Lupa* – in Italien als Symbol für warmherzige Mütterlichkeit.

Mit dem Zusammenbruch des Römischen Reiches ging auch ein Wandel in der Einstellung zum Wolf einher. Mehr und mehr Haustiere wurden gehalten, Viehhirten trieben sie in den Wald zum Weiden – eine leichte Beute für die grauen Räuber. Flüchteten die Tiere nicht, so riss ein Wolf auch mal mehr, als er fressen konnte – nach gleichem Verhal-

Bereits im Mittelalter wurde der Wolf gnadenlos verfolgt: flämisches Gemälde um 1450.

tensmuster wie ein Marder im Hühnerstall. Vielleicht war es unter anderem dieses Phänomen, das den irrationalen Hass auf die Raubtiere schürte. Der Verlust von auch nur einigen Schafen oder Schweinen bedeutete für arme Bauernfamilien bitterste Hungerzeiten.

Mit neuen Geräten wie schweren Pflügen und der Einführung der Dreifelderwirtschaft waren die Bauern zunehmend in der Lage, bisher ungenutzte Gebiete zu bestellen. Vom 10. bis 13. Jahrhundert veränderte sich die Landschaft in Deutschland dramatisch. Der ursprüngliche Wald wurde größtenteils vernichtet, immer mehr Siedlungen entstanden. Das Vieh der Bauern weidete, anders als heute, nicht auf eingezäuntem Wiesengelände, sondern im Wald, fraß dort den Unterwuchs und äste auf Lichtungen. Für den Wolf ein Wandel, der ihm durchaus zu Gute kam. Er bevorzugt den Wechsel von offenen und bewaldeten Flächen, kann im freien Gelände leichter jagen, im Wald ungestört ruhen. Und die Haustiere im Wald waren eine willkommene zusätzliche Nahrungsquelle.

Im 15. Jahrhundert tauchen zunehmend Berichte über Haustierrisse auf. Wolfsgruben sollten die Räuber zu Fall bringen: Ein angepflocktes Tier lockte den Wolf herbei, ringsum wurde die Grube ausgehoben und mit Reisig bedeckt. Zu späteren Zeiten sorgten zugespitzte Pfähle im Grubeninnern für ein qualvolles Ende des verhassten »Schädlings«.

Während der Pestepedemien und vor allem im Dreißigjährigen Krieg waren die Wölfe wieder auf dem Vormarsch. Sie fanden reiche Beute an unbegrabenen Leichen sowie unbehütetem, verwildertem Vieh – und lösten so Schrecken und Angst bei den Menschen in dem völlig vom

Handfeuerwaffen machten dem Wolf schließlich den Garaus: Lithografie aus dem 19. Jahrhundert.

Krieg verwüsteten Land aus. Doch kaum jemand hatte in diesen Zeiten die Kraft, sich um die Wolfsjagd zu kümmern. Erst danach, im 18. Jahrhundert, stellten die Menschen den Wölfen wieder vermehrt nach, inzwischen hauptsächlich mit Treibjagden.

Die Jagd auf Wild war längst vom Broterwerb zum höfischen Vergnügen avanciert. Im Laufe der Jahrhunderte radierten die großen Jagden die Tiere der Wälder fast vollständig aus. Der Wisent verschwand, der letzte Rothirsch wurde 1809 im Bayrischen Wald erlegt – und starb damit in Deutschland eher aus als sein Fressfeind Wolf. Auch Reh und Wildschwein waren selten. Der Konkurrenzkampf zwischen Jäger und Wolf wurde immer härter. Wer das Vieh der redlichen Bauern und das Wild der Jagdherren bedrohte, hatte kein Recht aufs Überleben, so die allgemeine Auffassung.

Ein gnadenloser Feldzug gegen den Wolf begann, mit Waffen wie mit Worten. Von den Herrschaftlichen wurde das Raubtier als schreckenerregender Wüterich dargestellt. Die einfachen Menschen auf dem Land, bedroht in ihrer Existenz durch Missernten und Raubtiere, waren tief

Rotkäppchen und der böse Wolf: Schon in früher Kindheit prägen solche Märchen unser Bild von diesem Tier.

empfänglich für Geschichten und Legenden, die ein geschehenes Unglück erklären und deuten konnten. Märchen, Fabeln und Sagen verteufelten den Wolf als »Untier«. »Rotkäppchen und der böse Wolf« und »Der Wolf und die sieben Geißlein« sind nur einige der vielen Erzählungen, die schon bei Kindern das Bild vom blutrünstigen Raubtier erschufen. 1487 erschien, verfasst von den beiden Inquisitoren Heinrich Insistoris und Jakob Sprenger, der »Hexenhammer«, eine Anleitung zum Erkennen von Hexen, Zauberern und Werwölfen – Menschen, die sich in Wölfe verwandelten und unerkannt ihr Unwesen trieben. Da sie vorgeblich mit dem Teufel im Bunde standen, wurden in Deutschland, Frankreich und Italien Frauen und Männer zu Tausenden auf Scheiterhaufen verbrannt. Noch vor zweihundert Jahren glaubten viele fest daran, dass es Werwölfe gäbe.

Organisierte Wolfsjagden sind seit der Zeit von Karl dem Großen überliefert. Hauptberufliche Wolfsjäger rückten dem grauen Räuber zu Leibe, speziell gezüchtete Hunderassen sollten ihn hetzen und stellen. Tellereisen, Wolfsangeln – mit Ködern versehene Widerhaken –, Wolfsgruben, vergiftetes Fleisch: Immer wieder ersannen die Menschen neue, noch grausamere Tötungsmethoden. Mitunter wurden gefangene Wölfe sogar wie zum Tode verurteilte Straftäter gehenkt. Noch nie zuvor hatte der Mensch ein Tier mit so viel Aufwand und Anstrengung verfolgt. Doch es dauerte einige Jahrhunderte, bis er das Raubtier in Deutschland vollends bezwang. Erst die Handfeuerwaffen ließen dem Wolf keine Chance mehr. In den meisten Regionen war er Anfang des 19. Jahrhunderts als Standwild verschwunden, ab Mitte des Jahrhunderts gab es wohl kein einziges Rudel mehr. Nur Streifwölfe machten dann noch von sich reden. Sie wurden die Letzten der Region, bis hin zum Letzten der Letzten bei Hoyerswerda in der Oberlausitz. Kaum achtzig Kilometer davon entfernt lebt heute das erste Wolfsrudel moderner Zeiten.

Eine Zeit lang wurde es still um die Wölfe in Deutschland. Erst nach dem Zweiten Weltkrieg machten sie wieder von sich reden. Von 1945 bis 1956 wurden mehr als ein Dutzend der Tiere in Niedersachsen gesehen. Die Einstellung der Menschen zum Wolf hatte sich kaum verändert. Im Frühjahr 1948 fanden Bauern bei Nienburg an der Weser totes Vieh auf der Koppel, und ein Holzfäller sah ein »ungewöhnliches Tier« – es müsse wohl ein Löwe gewesen sein. Oder war es ein Puma, ein Tiger, ein verwilderter Hund im Dienst von sadistischen Verbrechern? Die Gerüchteküche brodelte. Um das sagenhafte Fabeltier zu töten, blies man zum größten Kesseltreiben, das je in Niedersachsen stattgefunden hat. Über tausendfünfhundert britische Soldaten, deutsche Polizisten und Jäger beteiligten sich daran. Sie schossen lediglich zwei Füchse, während der Wolf an anderer Stelle zwei Rinder riss. Erst später gelang einem Bauern

Tot – der »Würger von Lichtenmoor«. Mit gewaltigem Aufgebot wurde er 1948 bei Nienburg an der Weser gejagt.

Früher ein typischer Anblick: An einen Stock gefesselt, wird der tote Wolf von den Schützen stolz zur Schau gestellt.

von einem Hochstand der Abschuss. Sein Triumph wurde gefeiert wie in alten Zeiten. Bis 1973 fielen vier weitere Wölfe in Niedersachsen, bis 1990 insgesamt zweiundzwanzig in ganz Deutschland der Flinte von Jägern zum Opfer. Dreizehn davon wurden in der ehemaligen DDR erlegt.

Auch zahme, aus Gehegen entwichene Wölfe blieben von diesem Schicksal nicht verschont. 1976 brachen neun Wölfe aus einem Gehege im Nationalpark Bayerischer Wald aus. Sofort setzte die Jagd auf die scheuen Tiere ein, eines wurde sogleich am ersten Tag erschossen, ein zweites wenige Tage später. Die Stimmung war gespalten. Dem Abschuss folgte eine Welle der Empörung, eine Bürgerinitiative bildete sich, »Pro Wolf«-Plaketten wurden gedruckt. Doch auch Wolfsgegner formierten sich, ließen das Bild von der wildausrottenden und kinderreißenden Bestie wieder aufleben. Tatsächlich kam es zu einem Zwischenfall, der heute, mit dem gebührenden Abstand, beinahe komisch anmutet: Eine junge neugierige Wölfin näherte sich spielenden Kindern, beschnüffelte sie. Als ein Vierjähriger die Flucht ergriff und fiel, packte sie ihn am Hosenboden. Erst als ein zweites Kind die Wölfin mit einer Holzlatte schlug, lief sie davon. Abgesehen von ein paar Kratzern am Po fehlte dem Jungen nichts. Aus Sicht von Wissenschaftlern war die Wölfin wohl eher verspielt als aggressiv gewesen, sie hätte das Kind sonst leicht töten können und sich wohl kaum von kleinen Buben davon abhalten lassen. Doch ihr Schicksal war damit besiegelt, sie wurde noch am selben Abend erschossen. Um auch die letzten Ausbrecher zu erwischen, wurden Straßensperren errichtet, Treiberketten durchkämmten das Gelände. Doch nur ein weiterer Wolf gelangte vor die Flinte, die anderen waren über alle Berge.

1987 wurde der Wolf schließlich in der BRD unter Schutz gestellt. Erst mit der Wiedervereinigung galt er in ganz Deutschland als streng geschützte Art. Doch schon 1991 wurden in Brandenburg erneut vier Wolfsrüden erschossen. Noch immer, so scheint es, war die Zeit nicht reif für einen besonnenen Umgang mit diesem Tier. Die vier Wolfsrüden waren aus Polen gekommen, wie die meisten Wechselwölfe. Denn die deutschen Wölfe der heutigen Zeit sind polnische Wölfe.

5. KAPITEL

DER ERSTE WOLF VON MUSKAU

Frühjahr 1994 bis Winter 1996: Der Schuss kommt, als er gerade seine Zähne in das Fleisch des jungen Rehs schlagen will. Er peitscht in seine Ohren, schneidend scharf, betäubend laut. Er trifft ihn, ohne ihn zu treffen, reißt ihn weg von seiner Beute, wirft ihn zurück in die dunkle Kiefernschonung, treibt ihn weiter über die Lichtung, hinein in den feuchten Erlenbruch. Hier, nach zwei Kilometern im vollen Lauf, noch immer halb betäubt von dem schmerzenden Knall in seinen empfindlichen Ohren, bleibt der junge Wolf stehen.

Es dauert lange, bis er seine Umgebung wieder wahrnimmt: den feuchten Modergeruch vom Fluss kaum zwanzig Meter entfernt, das Rauschen der Erlenblätter im Wind, das feine Fiepen einer Maus unter dem Vorjahreslaub am Boden. Es ist still geworden im Dolnoślaskie-Wald im polnischen Teil Niederschlesiens, unweit der deutsch-polnischen Grenze. Nur ein paar Hofhunde kläffen aus den umliegenden Dörfern in der Dunkelheit. Dem lauten Knall folgt kein zweiter.

In den frühen Morgenstunden kehrt der junge Wolf in den Kiefernwald zurück. Doch es dauert noch bis tief in die folgende Nacht, als er sich wieder auf die Lichtung traut, dorthin, wo seine Mutter das junge Reh gerissen hat. Vorsichtig, den Kopf mit der feinen Nase nach vorn gestreckt, die Vorderläufe eingeknickt, den Schwanz zwischen die Hinterläufe gelegt, nähert er sich. Die Beute ist weg, die Lichtung leer. Aber das Gras ist voller Gerüche, altbekannten und völlig fremden. Es riecht nach Reh und nach seiner Mutter. Nach Mensch und Blut. Nach Rehblut und Wolfsblut.

Zu zweit sind sie am Abend zuvor zur Jagd aufgebrochen, seine Mutter und er. Sie hat das Reh zu Fall gebracht und getötet, für sich und ihn. Noch ist er jung genug, um von ihr an der Beute geduldet zu werden, noch darf er von dem fressen, was sie erjagt. Ihr Partner, sein Vater, ist in dieser Nacht mit dem Bruder anderswo unterwegs. Mehr sind sie ohnehin nicht mehr im Dolnoślaskie-Wald, den viele auch noch Nieder-

Flüsse sind für Wölfe keine Hindernisse. Liegen sie mitten im Revier, überqueren die Tiere sie regelmäßig.

schlesischen Wald nennen. Die Geschwister aus den Jahrgängen davor sind längst verschwunden, und ein Langstreckenläufer aus dem Osten oder Süden ist schon lange nicht mehr vorbeigekommen.

Sein Vater war einer von denen, die sich ohne erkennbaren Anlass eines Nachts einfach aufmachen und Kilometer um Kilometer hinter sich lassen. Die das elterliche Revier verlassen, um in der unbekannten Ferne ein neues Rudel zu gründen. Er kam aus der Puszcza Notecka, aus der Nähe von Posen, lief erst gen Westen, machte einen Abstecher über den großen Fluss in ein fremdes Land. Dort streifte er in den großen Wäldern kurz hinter der Grenze umher, fand reichlich Wild – aber keine Wölfin. So kehrte er wieder zurück. Er schwamm den Fluss von West nach Ost, folgte dann dem Lauf der Oder und der Neiße gen Süden. Er lief zwischen Dörfern hindurch, an Städten vorbei und über viele Straßen. Der Wolf hatte Glück: Kein Auto erfasste ihn, keine Schlinge fing ihn fest, kein Jäger sah ihn. Zu jener Zeit, als er durch Polen lief, durfte er noch ganz legal geschossen werden. Er war eben einer von denen, die sie nicht erwischten. Viele andere Westwanderer waren nicht so weit gekommen, für sie war die Wanderung schon bald zu Ende, für immer.

Im Niederschlesischen Wald schließlich stieß der Wolf aus der Puszcza Notecka auf eine Wölfin. Ihre Vorfahren waren aus dem Südosten Polens gekommen, waren dem südlichen Wanderkorridor der Wölfe in Polen gefolgt.

Als sein Sohn in dieser Nacht das Blut auf der Wiese riecht, zieht er sich zurück. Er trifft auf seinen Vater und etwas später auf den Bruder. Seine Mutter sieht der junge Wolf nie wieder. Die Welpen, die sie trug, werden nicht mehr geboren werden. Der Jungwolf und sein Bruder, die jetzt an der Schwelle zum Erwachsenen stehen, werden die letzte Generation im Niederschlesischen Wald sein. Vorerst zumindest.

Das nächste Jahr schlägt er sich mit seinem Vater und seinem Bruder durch, lernt, kleine Tiere wie Hasen und Rehkitze zu überwältigen. Doch je näher im nächsten Winter die Ranzzeit kommt, desto launischer wird der Alte.

So schwimmt der Junge eines Nachts durch den Fluss, der hier Polen von Deutschland trennt. Er verlässt den Wald, in dem nun der Vater allein jagt. Sein Bruder ist schon vor Wochen irgendwohin verschwunden.

Der Wolf überquert die Neiße nicht zum ersten Mal. Schon vor vielen Wochen, als er dem Vater auf dessen Jagd noch an den Fersen hing, ist er mit ihm und seinem Bruder hin und wieder mal durch den Fluss geschwommen und hat drüben gejagt. Meistens mit Erfolg. Denn in den Wäldern dort leben genauso Hirsche und Sauen wie im heimatlichen

Auf Wanderschaft: Der Wunsch nach einem Partner und einem eigenen Revier treibt junge Wölfe weg.

Revier. Und es war ungewöhnlich still in diesem Wald. Hier waren abends, wenn es an der Zeit war, auf die Jagd zu gehen, dann, wenn das Wild aus der Dickung tritt, nur selten Menschen unterwegs. Gerochen hat er ihre Spuren schon. Die waren fast überall, manchmal sogar im dichten Dickicht. Aber sie machten ihm und seinen Eltern keine Angst, denn sie waren meist schon Stunden alt.

Er schüttelt sich das Wasser aus dem Fell, durchläuft zielstrebig den Erlenbruch auf der anderen Seite, überquert eine Straße. Ein paar Häuser sind nicht weit. Sie stören ihn nicht. Dort, wo er herkommt, gibt es auch Dörfer und Höfe, er ist daran gewöhnt. Die Straße, die er überqueren muss, liegt still vor ihm. Ein schwarzes Band, harmlos in der tiefen Nacht, todbringend am Tag. Doch davon weiß er nichts, im Hellen ist er noch niemals da gewesen. Und schon ist er im Kiefernwald, läuft auf sandigem Boden endlos lange Schneisen entlang. An manchen Stellen sind breite Spuren in den Sand gedrückt, stets zwei nebeneinander. Es läuft sich leicht in den Spuren der Militärfahrzeuge, das haben schon die Eltern bei ihren früheren Ausflügen rasch herausgefunden. Der junge Wolf hält die Nase tief am Boden. Er findet viele Spuren, von Menschen, von Rehen und Hirschen – aber keine von Wölfen. Keine Fährten, keine Kothaufen, keine Urinmarkierungen. Das Land ist unbesetzt – *war* unbesetzt. Jetzt ist er hier und markiert jeden Grasbüschel, jeden Stein, jede Eisenstange am Wegrand. Von den Eisenstangen gibt es eine ganze Menge. Die meisten tragen ein Schild mit der Aufschrift »Militärischer Sicherheitsbereich«, und darunter steht etwas kleiner:

Wolfs Revier ist abgeschirmt: Jogger, Radfahrer, Hundegassigänger müssen draußen bleiben.

»Unbefugtes Betreten des Platzes ist verboten und wird strafrechtlich verfolgt.« Der Wolf hebt das Bein und pinkelt dieselbe Botschaft noch einmal ein Stockwerk tiefer an die Stange. Für alle diejenigen, die mit der Nase lesen.

Den Tag, seinen ersten im neuen Revier, verbringt er schlafend in einer Kiefernschonung. Plötzlich hört er es knallen, peitschend laut, schmerzend scharf. Einmal, zweimal, immer wieder. Es hört nicht auf.

Der junge Wolf flieht in langen Sätzen, schwimmt am helllichten Tag durch den Fluss und kehrt zurück nach Polen. Doch nur drei Nächte später ist er wieder auf dem deutschen Truppenübungsplatz. Er ist auf der anderen Flussseite auf den Vater gestoßen. Der begrüßte ihn gleichgültig, nicht unwirsch, aber auch nicht freundlich. Er hätte ihn wohl, solange keine Wölfin in Sicht ist, bei sich geduldet. Doch der Junge ist jetzt auch geschlechtsreif, will selbst eine Partnerin, ein eigenes Revier. Und so überquert er den Fluß erneut von Ost nach West und überlässt dem Alten endgültig das Revier im Niederschlesischen Wald.

Als es auf der Westseite am Tag wieder zu knallen beginnt, duckt

Wölfe leben grenzenlos. Ihr Schutz muss deshalb immer länderübergreifend sein.

43

So mag er aussehen: Den »großen Grauen« nennen die Bundesförster den Gründer des Muskauer Rudels.

sich der junge Wolf tief an den Boden. Das Getöse dauert bis zum Abend. Erst in der Dämmerung wird es still. Doch er traut sich nicht aus der Dickung und hat reißenden Hunger in dieser Nacht.

Am nächsten Tag, kurz nach Sonnenaufgang, geht der Lärm wieder los. Und auch am übernächsten und die Tage darauf. Doch nachts ist es meistens still, dann wagt er sich heraus. Ungestört kann er jagen, herumstreifen, sein neues Territorium markieren. Er lernt schnell, dass ihm das Getöse nicht schadet und dass hier viel Wild lebt. Es lohnt sich, zu bleiben – es ist ein gutes Revier.

Er ist zu einer stattlichen Größe herangewachsen. Den »großen Grauen« werden ihn die Förster und Jäger später nennen. Inzwischen hat er schon immer mal wieder ein Reh gerissen, auch die wilden Schafe, von Jägern 1976 eingebürgert, sind eine relativ leichte Beute. Das Mufflon, wie es Biologen und Jäger nennen, ist ein Gebirgstier, stammt aus den Bergen am Mittelmeer und flüchtet sich bei Gefahr in steile Felswände. Das funktioniert in der Ebene der Muskauer Heide nicht. Die Tiere rennen ein kurzes Stück, stellen sich dem Angreifer und sind

44

dann meistens die Verlierer. Einige sind auch darunter, die kaum noch laufen können. Die Moderhinke macht ihnen zu schaffen, eine Huferkrankung, die diese Tiere unter anderem deshalb befällt, weil ihre Hufe auf dem weichen, sandigen Boden nicht abgenutzt werden. Die wilden Schafe mit den schönen »Schnecken«, wie die Jäger das große gedrehte Gehörn der Widder nennen, eignen sich schlichtweg nicht als »Flachlandtiroler« – und sind für einen Wolf relativ leicht zu erbeuten.

Der große Rüde ist gut zwei Jahre alt, als es ihm zu ersten Mal gelingt, einen Junghirsch zu erlegen. Zu fünft stehen die Hirsche auf der Lichtung, bewegen sich langsam grasend vorwärts. Lange wartet er am Rand der Wiese. Reglos, die Nase in den Wind gehoben. Immer wieder hebt einer aus der Junggesellengruppe sichernd den Kopf. Aber keiner bemerkt den grauen Jäger, der langsam näher kommt, geschickt jede Deckung nutzend. Vor wenigen Tagen hat er es schon einmal mit Rotwild versucht, bei einer Gruppe weiblicher Tiere mit ihren Kälbern. Doch die Mütter sind viel vorsichtiger gewesen, sicherten ständig, nie haben sie alle den Kopf im Gras gehabt. Er hatte keine Chance.

Die männlichen Tiere sind in diesen Frühjahrswochen ihres stolzen Kopfschmucks beraubt, wie zarte Pflänzchen, umhüllt von samtener Haut, wächst das neue Geweih heran – als Waffe unbrauchbar. Das kommt dem jungen Wolf zu Gute. Als er sich dem Kleinsten und Jüngsten auf wenige Meter genähert hat, schießt er plötzlich hervor. Der Hirsch wirft sich herum, flieht mit langen Sätzen. Das ist das Signal für den grauen Jäger: Die Hatz beginnt …

Sie dauert nur wenige hundert Meter, so wie meistens. Nur selten verfolgen Wölfe ihre Beute kilometerweit. Es lohnt sich nicht, kostet zuviel Energie. Viele Jagden enden erfolglos. Dann sind die Hirsche zu aufmerksam, zu schnell und geschickt oder bieten den Räubern, sofern diese sie haben, die scharf bewehrte Stirn.

Doch wenn ein Tier flieht, vielleicht einen Bruchteil von Sekunden später, eine Idee langsamer als die anderen – dann ist es zu schaffen. Auch für einen einzelnen Wolf wie ihn.

Würde er in Kanada oder in Sibirien leben, dann würde er selbst Elche, Bisons oder Moschusochsen bezwingen können. Wölfe wie er brauchen kein Rudel zum Jagen, auch wenn es in vielen Büchern anders berichtet wird. Inzwischen gilt als erwiesen, dass einzeln oder bestenfalls zu zweit jagende Wölfe deutlich mehr Beute pro Tier erlegen als größere Rudel. Die Jagd als Gruppenerlebnis ist unrentabel, zumindest aus Sicht eines erwachsenen Wolfes. Für einen jungen Unerfahrenen ist die Rechnung eine andere: Dann zahlt es sich aus, im Schlepptau der Eltern der fliehenden Beute hinterher zu laufen, den Alten die Arbeit des Tötens zu überlassen und anschließend den Platz am gedeckten

Hat der Wolf Beute gemacht, sind sie rasch zur Stelle: Kolkraben, ungebetene Tischgäste.

Eines Abends sieht ein Revierleiter plötzlich zwei Wölfe, einen kleineren und einen größeren.

Tisch einzunehmen. Es sind wohl diese ihren Eltern folgenden Halbstarken, die bei so vielen Menschen das Bild vom kooperativ jagenden Wolfsrudel geprägt haben. Denn Jäger von Mitläufern zu unterscheiden, ist selbst für geübte Beobachter eine Herausforderung.

Der junge Hirsch ernährt den jungen Wolf eine ganze Woche lang. Und mit ihm eine ganze Reihe ungebetener Tischgäste. Als Erstes sind die Kolkraben da. Das ansässige Paar kennt den grauen Jäger seit langem und verfolgt nahezu jede seiner Bewegungen. Kaum wird es hell, haben sie ihn an seiner Beute schnell gefunden, nichts entgeht den aufmerksamen Schwarzgefiederten. Kühn segeln sie hinab zu Räuber und Beute, warten, bis der Wolf den Kadaver aufgebrochen hat, hüpfen dreist heran und picken rasch ein Bröckchen Fleisch heraus. Mit gerunzelter Nase und tiefem Grollen vertreibt der rechtmäßige Beutebesitzer die schwarzen Vögel – doch nur für wenige Minuten. Später, nachdem er sich gesättigt zurückgezogen hat, übernehmen die Gefiederten ganz das Kommando. Trotz strengen Stillschweigens des sonst so ruffreudigen Rabenpärchens hat sich die Botschaft von frischem Fleisch in Windeseile in der gesamten Rabenwelt des Platzes verbreitet. Die schwarzen Geier des Nordens kommen von allen Seiten, machen dem alteingesessenen Paar die Beute streitig und stellen sich ihrer Aufgabe als Gesundheitspolizei mit ganzem Einsatz. Einer Aufgabe, die ihnen von den Menschen den Namen Totenvögel eingebracht hat und einen Hass, der mindestens so alt ist wie das Alte Testament. Es passt perfekt ins Bild, das sich der Mensch vom Raben macht, wenn der mit Seinesgleichen rings um den Kadaver hockt und krächzend um die besten Stücke streitet.

Doch es gibt einen, der genau das Gleiche tut, aber dennoch aus der Sicht des Menschen ganz weit oben thront und über jede Leichenfledderei erhaben scheint: der Seeadler. Lange noch, bevor die Raben satt sind, schwebt er herab und übernimmt das Kommando. Die schwarze Gesellschaft verweist er dank seiner Größe auf die hinteren Ränge, labt sich ausgiebig am Aas und streitet mit gleicher Vehemenz um die besten Brocken wie ein Rabe. Der menschenscheue Vogel fühlt sich wohl auf dem Truppenübungsplatz. Hier brütet er ungestört von Freizeitausflüglern, und die nahe Teichlandschaft im großen Biosphärenreservat südlich des Platzes bereichert das Nahrungsangebot mit Wasservögeln.

Der Neuankömmling Wolf hat seinen Platz im System der Jäger und Gejagten unter den Tieren bald gefunden. Vom Seeadler über den Raben bis zum Fuchs und manchmal auch Dachs – sie alle profitieren vom Jagdglück des großen Grauen.

Das Wild lernt schnell, den Wolf zu respektieren, und setzt die scharfen Sinne, Gewandtheit und Vorsicht geschickt als Gegenwaffen ein. Über die Jahrzehntausende haben sich Rot- und Damwild, Reh-

und Schwarzwild an ein Leben mit Raubtieren angepasst, nur so war ihnen in früheren Jahrhunderten das Überleben in Europas Wäldern garantiert, nur so bestehen sie noch heute in all den Ländern, in denen Wölfe so selbstverständlich zur einheimischen Tierwelt gehören wie sie selbst. Wie ihre Ahnen früher schon haben sie auch heute alle Chancen, dem Jäger zu entgehen, sind ihre Waffen mindestens so erfolgversprechend wie seine. Es ist ein Spiel um Leben und Tod, heute so fair wie früher, hier so ausgeglichen wie anderswo.

Es ist eine gute Zeit, die der Wolf nach seiner Einwanderung in dem neuen Revier verbringt. Zu fressen hat er stets genug, niemand macht ihm das Territorium streitig, und durch den Militärbetrieb ist er vor Störungen von Wanderern und Freizeitsportlern geschützt. Die Aktivitäten der Soldaten hat er einschätzen gelernt, weiß, wann sie kommen und gehen. Es ist ein reiches Land, reich an Platz, Wild und Ruhe. Doch alles kann es ihm nicht bieten: Jeden Winter wecken die Hormone in ihm einen Hunger, den auch ein ausgewachsener Rothirsch nicht zu stillen vermag. Er streift weit umher, auch in den angrenzenden Gebieten, in den aufgefüllten Abraumhalden des Tagebaus Nochten, in den Niederungen der Spree: Es gibt auch hier, diesseits der Neiße, keine Wölfin weit und breit.

Der Neubürger ist inzwischen nicht nur unter den Raben und Rothirschen bekannt. Erst haben die Revierförster immer mal wieder Reste von Wild gefunden. Von Mufflons, Reh- und Rotwild. Und sie entdeckten Spuren: groß wie von einem Wolf, schnurstracks geradeaus wie von einem Wolf, »geschnürt«, wie sie sagen. Schließlich haben Jäger, Waldarbeiter, Förster ihn gesehen. Ganz selten nur, aber doch immer mal wieder. Und dann, viele Monate später, beobachtet ein Revierleiter plötzlich zwei, einen größeren und einen kleineren.

Eines Abends, es wird der Winter 1997/98 gewesen sein, reckt der Wolf von Muskau seinen Kopf in die Höhe und heult, so wie zur Paarungszeit fast jeden Abend. Es bleibt still, so wie jeden Abend. Er probiert es wieder, heult ein zweites Mal. Dann hört er aus der Ferne eine Antwort ... wie noch an keinem Abend. Der Wolf spitzt die Ohren und hebt den Schwanz. Er lauscht auf die Stimme, die fremd und doch so vertraut klingt. Er läuft ihr entgegen, rasch und kraftvoll.

6. KAPITEL

DIE WOLFSFRAU

Ende der neunziger Jahre: Wolf trifft Wölfin – und das in Deutschland, vielleicht zum ersten Mal seit über hundertfünfzig Jahren. Das ist es, worauf die junge Frau gewartet hat, wovon sie träumt, worauf sie kaum zu hoffen wagt. Doch sie ahnt nichts davon, lebt etwa zweihundert Kilometer weiter nördlich in Brandenburg. Der grauen Einwanderer aus Polen wegen ist die Biologin Gesa Kluth von West nach Ost gezogen, von Bremen nach Brandenburg. In dem kleinen Ort Altkünkendorf mitten im Herzen des Biosphärenreservates Schorfheide-Chorin wartet sie darauf, dass die Wölfe kommen. Noch nie ist sie einem in Brandenburg begegnet, hat noch nie seine Spuren dort entdeckt. Mehr, das weiß die Biologin aus Erfahrung, sieht man von den scheuen Tieren ohnehin nicht. Ihre Diplomarbeit über die Wölfe in Estland hat sie deshalb auch einfach nur »Wolfsspuren« genannt. Doch sie ist überzeugt: Die Wölfe werden nach Deutschland kommen – und wenn sie sich ansiedeln, dann am ehesten in der Schorfheide.

Als Kind, erinnert sich Gesa, hatte sie Angst vor den Wölfen in den Märchen. Doch dann liest die dreizehnjährige Schülerin ein Buch, das sie fasziniert: *Der Wolf* heißt es schlicht. »Nicht der Wolf ist dem Menschen gefährlich, sondern der Mensch dem Wolf!«, steht als Zitat des inzwischen verstorbenen Autors Erik Zimen auf dem Schutzumschlag. Darum geht es dem gebürtigen Schweden: Mit seinem Buch über Mythos und Verhalten der Wölfe will er das Rotkäppchen-Syndrom bekämpfen, will Vorurteile durch Wissen ersetzen. Sein anschaulich geschriebener Forschungsbericht, eine sehr genaue Studie über das Verhalten von Wölfen im Gehege, fesselt die Schülerin.

Doch noch sind Pferde ihre wahre Leidenschaft, jede freie Minute verbringt sie im Stall. Die Liebe zu Hunden überlässt sie ihrem Bruder, Katzen findet die Teenagerin viel eleganter und spannender. Nach dem Abitur will sie vielleicht für Greenpeace arbeiten oder im Freiland an Tieren forschen oder ... Sie fährt erst mal nach Irland, arbeitet dort auf

einem Bauernhof, überlegt, was sie denn wirklich will. »Ich wollte einfach irgendwas machen, das mich richtig begeistert, aber eigentlich wusste ich nicht so recht, was«, erinnert sie sich. Sie schreibt sich an der Bremer Universität für ein Biologie-Studium ein, untersucht Insekten, bestimmt Vögel, interessiert sich für dies und das, ist im Studentenausschuss sehr aktiv. »Ich hab damals auf allen Hochzeiten getanzt«, erzählt sie. Doch dann erhält sie 1994 die Chance, für ein Jahr an die University of Maryland in den USA zu gehen, und widmet sich von da an ganz dem Studium. Sie belegt einen Kurs in *Wildlife Management*, eine an Deutschlands Universitäten kaum bekannte Fachrichtung. Die Studentin lernt, wie in Amerika mit großen Raubtieren umgegangen wird und wie die Belange der Menschen mit in den Natur- und Artenschutz einbezogen werden.

»Da habe ich gemerkt, dass ich so was gern machen will, das war endlich was für mich«, sagt sie. So ganz allmählich stehlen sich wieder die Wölfe in ihre Gedanken, von denen sie hier in den USA viel hört. Was ihr zu Hause in Deutschland noch völlig abstrus vorkam, sieht sie in den USA aus einer ganz neuen Perspektive. Sie besucht das *International Wolf Center*, ein großes, dem Wolf gewidmetes Informationszentrum im Bundesstaat Minnesota, bekommt neue Anregungen. Sie streift durch Minnesotas Wälder, in denen noch über zweitausend Wölfe leben, und hofft, auf Fährten zu treffen. Sie findet keine, doch ihr Entschluss steht fest: Als sie im August 1995 nach Bremen zurückkehrt, will sie ihre Diplomarbeit auf jeden Fall über Wölfe schreiben. Nicht über Gehegetiere wie damals Erik Zimen, dessen Buch sie als Teenager gelesen hat. Sie will im Freiland arbeiten, und zwar in Europa. Sie denkt zuerst an Italien, Spanien oder Portugal, an Länder, in denen Wölfe leben, aber auch viele Menschen; wo keine weite Wildnis herrscht wie in Kanada oder Russland, sondern wo Mensch und Wolf sich immer wieder mal begegnen. Wie lebt die Bevölkerung mit den Raubtieren? Diese Frage findet sie interessant. Der betreuende Professor in Bremen sagt ihr, sie könne das wohl machen, aber sie müsse alles auf eigene Faust organisieren und finanzieren.

Ihre Kommilitonen, die auf Mikrobiologie, auf Molekulargenetik oder Biochemie setzen, auf Fachrichtungen, die wenigstens noch Zukunft haben, halten sie für völlig realitätsfremd. Vor allem, wenn sie von ihrem Traum erzählt, vielleicht sogar in Deutschland den großen Raubtieren nachzuforschen. Wölfe gebe es hier doch seit Ewigkeiten nicht mehr. Da müsse sie wohl nach Kanada gehen, in das klassische Wolfsland Jack Londons.

Gesa aber hält ihren Traum für gar nicht abwegig. Denn seit der Lektüre von Erik Zimens Buch ist etwas passiert, das sie heute »einen

Wölfe werden oft unfair behandelt. Man hängt ihnen so viele Dinge an, die sie nicht verschuldet haben, sagt Gesa.

51

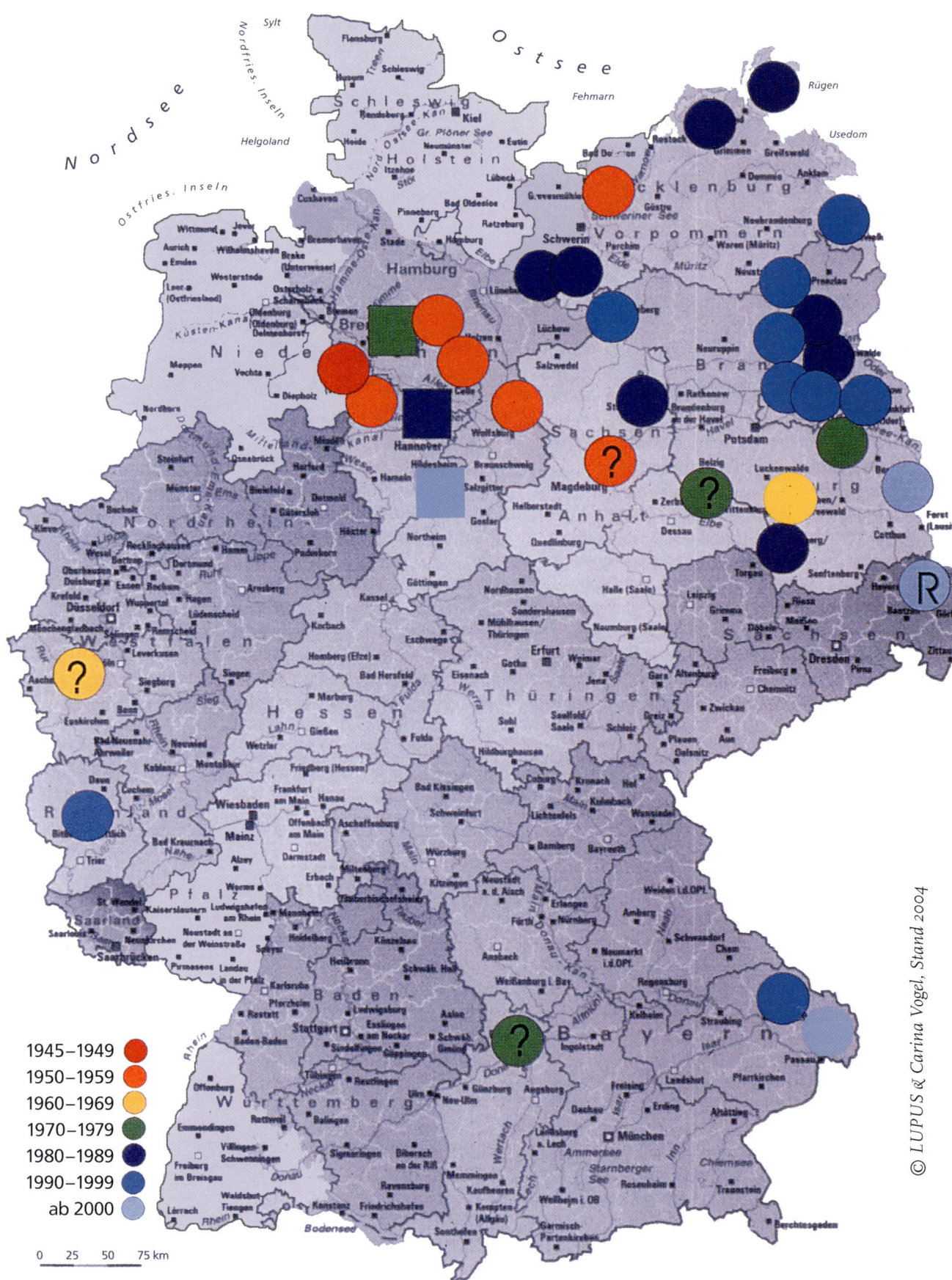

© LUPUS & Carina Vogel, Stand 2004

1945–1949	🔴
1950–1959	🟠
1960–1969	🟡
1970–1979	🟢
1980–1989	🔵
1990–1999	🔵
ab 2000	🔵

0   25   50   75 km

Riesenglücksfall« für ihre Wolfsleidenschaft nennt: Die Mauer zwischen den beiden deutschen Staaten ist gefallen, auf einen Schlag sind die Wolfsländer Polen und Russland in erreichbare Nähe gerückt. Durch Michail Gorbatschows Politik der »Glasnost« und »Perestroika«, die im gesamten Ostblock zu gewaltigen Umbrüchen führt, öffnen sich Grenzen, die über ein halbes Jahrhundert hinweg die beiden politischen Systeme getrennt haben: Menschen finden zusammen, Nachrichten dringen wieder von West nach Ost und umgekehrt – so auch die Kunde von Wölfen in Brandenburg und Mecklenburg-Vorpommern.

Auch schon zu DDR-Zeiten sind immer wieder vereinzelt Wölfe aus Polen über die Grenze gewandert. Zwischen 1982 und 1987 sind nach Angaben des Instituts für Forstwissenschaften in Eberswalde mindestens fünf Wölfe erlegt worden, vermutet werden eher mehr. Mit dem Mauerfall kam auch für Jäger und Wolf in den neuen Bundesländern eine entscheidende Wende: Das Tier, das in der DDR ganzjährig jagdbar war, das man in einer Landschaft mit intensiver Nutztierhaltung für untragbar hielt, ist nun mit einem Mal im ganzen Land, im Westen wie im Osten, das ganze Jahr über geschützt. War früher sein Abschuss in Ostdeutschland erwünscht, ist er nun plötzlich streng verboten. Ein Wandel, an den sich viele Jäger erst gewöhnen müssen und den beileibe nicht jeder begrüßt.

Nach dem Mauerfall hört auch Gesa von den Wölfen im Osten Deutschlands. Allein im Mai 1991 werden in Brandenburg vier freilebende Wölfe von Jägern getötet, zwei Jahre später wird einer am Berliner Ring am Dreieck Schwanebeck überfahren und 1994 ein weiterer von einem Gastjäger aus Nordrhein-Westfalen nördlich von Templin geschossen. In fast allen Fällen ist die Erklärung der Schützen: Verwechslung mit einem wildernden Hund.

Für Gesa sind die Ereignisse in Brandenburg Enttäuschung und Bestätigung zugleich. Sie weiß nun: Es gibt immer wieder mal Wölfe in Deutschland. Aber noch begegnen die Menschen ihnen mit Angst und Unwissenheit, noch wird den Tieren keine Chance gelassen, sie werden mit zumeist fragwürdigen Begründungen abgeschossen. »Wölfe werden in den allermeisten Situationen unfair behandelt. Man tritt ihnen nicht sachlich gegenüber, sondern hängt ihnen viele Dinge an, die sie nicht verschuldet haben«, wird Gesa später in die Kamera von Holger Vogt sagen. Schon früh ist der jungen Frau klar: Ohne die Menschen auf seiner Seite nützen dem Wolf die strengsten Schutzgesetze nur wenig.

Die angehende Biologin hört nicht nur von toten Wölfen. Immer wieder werden in Brandenburg oder Mecklenburg-Vorpommern Fährten entdeckt, Risse gefunden und sogar Wölfe selbst gesehen. Wie stichhaltig

Wolfsnachweise nach 1945: Immer wieder wanderten einzelne Tiere aus Polen ein. Kreis: Rüde; Quadrat: Fähe; R: Rudel

53

Schnee ist der beste Helfer beim Spurensuchen.

sind diese Sichtungen? Was ist aus den Wölfen geworden? Wo sind sie jetzt? Auch hier sieht Gesa eine Aufgabe: Sie will herausfinden, wo überall Wölfe waren, wo vielleicht noch welche sind, wohin sie wandern, woher sie kommen.

Dann erfährt Gesa von etwas, das beinahe revolutionär klingt. Das Land Brandenburg hat 1994 einen »Managementplan für Wölfe in Brandenburg« erstellen lassen. Er soll Antworten geben auf die Frage: Was tun, wenn der Wolf kommt oder sogar schon da ist? Federführend in diesem Projekt ist ein junger Forstwissenschaftler aus Oberammergau, Christoph Promberger. Detailliert haben er und sein Team Meinungen zum Wolf erfragt, bei Bürgern, Jägern, Viehhaltern, haben deren Ängste, Sorgen und Erwartungen zusammengetragen und Maßnahmen für ein möglichst konfliktfreies Zusammenleben von Wolf und Mensch erarbeitet. Der Plan schlägt fachkundigen Schutz der Haustiere vor Wölfen, Aufklärung vor Ort, gezielte Pressearbeit und ein möglichst lückenloses Sammeln von Hinweisen auf Wölfe – ein so genanntes Monitoring – vor.

So hat Gesa es auch in den USA erfahren, so stellt auch sie sich ein »Wolfsmanagement« vor. Die Studentin will bei der praktischen Umsetzung des Plans mitwirken, möchte Hinweise auf Wölfe in Ostdeutschland recherchieren. Doch seitdem der Plan veröffentlicht wurde, sind keine Wölfe mehr in Brandenburg aufgetaucht. Auf ihre Anfrage beim Brandenburgischen Umweltministerium bekommt Gesa deshalb zu hören: Nein danke, kein Bedarf. Wölfe? Zurzeit nicht da.

Während der Managementplan in der Schublade verschwindet, wo er bis heute liegt, sucht Gesa weiter nach einem Platz im Umfeld freilebender Wölfe. Sie besucht Wolfexperten in Portugal, lernt dort, mit einer Antenne Signale von sendertragenden Wölfen zu empfangen und zu deuten. Und sie sieht zum ersten Mal im Leben deren Fährten.

Vom Südwesten Europas geht die Suche der Studentin nach Nordosten, nach Estland. Sie recherchiert in dem kleinen Baltenstaat, vielleicht wird sie ja dort gebraucht. In Estland leben zu dieser Zeit noch etwa fünfhundert Wölfe. Doch auch dort sehen viele Jäger die grauen Räuber nicht gern, fürchten sie als Konkurrenten um die begehrte Jagdbeute Elch. Im Jagdjahr 1995/1996 werden über dreihundert Wölfe in Estland geschossen. Auf Gesas Anfragen reagiert die Verwaltung des Endla-Naturschutzgebietes sehr gastfreundlich – allerdings mit einer entscheidenden Einschränkung: Sie sei herzlich willkommen, teilt man ihr mit, aber es sei nicht sicher, ob es in dem Gebiet überhaupt noch Wölfe gebe. Gesa ist entschlossen, genau das herauszufinden. Eine Woche will sie sich Zeit nehmen. Wenn sie bis dahin keine Wolfsspuren entdeckt hat, wird sie weitersehen.

Sie findet sie schon am ersten Tag. »Es war ziemlich kalt, und der Schnee lag sehr hoch. Das Laufen fiel schwer, und ich war ziemlich fertig. Aber dann hab ich sie plötzlich gesehen, mitten auf einem zugefrorenen Fluss. Es war überwältigend.« Zwei ganz frische Spuren. Noch nie zuvor hatte Gesa das Gefühl, wilden Wölfen so nahe zu sein. »Für mich ist das noch heute eins der schönsten Naturerlebnisse überhaupt.«

In diesem Winter folgt Gesa Spuren auf mehr als siebzig Kilometern Länge, analysiert über neunzig Kotproben und erarbeitet eine knapp 130 Seiten umfassende Feldstudie. Aber einem Wolf begegnet sie nie. »Es ist nicht wichtig, ob ich den Wolf sehe oder nicht«, sagt die so begeisterungsfähige, temperamentvolle Biologin ganz nüchtern und beweist damit ihre Professionalität. »Abdrücke und Kot sagen mir viel mehr über das Verhalten der Wölfe als ein kurzer Blickkontakt.« Das wichtigste Ergebnis ihrer Studie: Die Wölfe ernähren sich im Endla in erster Linie von Rehen. »Aber das muss nicht heißen, dass es in anderen Regionen auch so ist«, schränkt die stets auf Korrektheit bedachte Wissenschaftlerin ein.

Nach zwei Wintern in Estland ist Gesa wieder in Bremen, ihre Arbeit und ihr Studium sind beendet. Doch ihre Faszination für Wölfe ist eher noch gewachsen. Sie will weiter über sie forschen. Sie hat ihr Ziel, die Tiere in Deutschland zu studieren, nicht vergessen. Sie hakt in Brandenburg nach. Dort hat sich wenig verändert: Wölfe, so sagt man, leben noch immer keine im Land. Und wenn, dann will man keinen Wirbel um sie machen. Deshalb möchte auch niemand Geld ausgeben für eine frischgebackene Biologin, die nach etwas suchen will, das es doch wahrscheinlich gar nicht gibt. Gesa versucht es wieder in Estland. Doch die Bearbeitung der Anträge zieht sich hin. Sie will ihre Zeit sinnvoll nutzen, will wenigstens die Landschaft kennen lernen, in die es immer mal wieder Wölfe aus Polen zieht. Ein Wolfsrudel, das weiß die Biologin inzwischen, lebt ganz in der Nähe der deutschen Grenze im Oderknie, von dort ist die Chance groß, dass Jungwölfe nach Brandenburg abwandern. »Ich war fest überzeugt – wenn überhaupt Wölfe nach Deutschland kommen und hier länger bleiben, dann in der Schorfheide. Die Gegend ist für Wölfe geradezu geschaffen.«

Gesa weiß längst, dass die Grauen nicht unbedingt Wildnis brauchen, um zu überleben. »Wenn Wölfe hier über die Grenze kommen, können sie bei uns leben, weil sie genug zu fressen finden. Die Wälder sind voll mit Wild, und es gibt unzugängliche Bereiche, in die sie sich zurückziehen können. Natürlich ist die Gegend besiedelt, aber nicht so, dass es die Wölfe beeinflussen würde«, erzählt sie später Holger vor dessen Kamera.

Das 1990 gegründete Biosphärenreservat Schorfheide-Chorin ist

Wölfe sind keine Kuscheltiere, betont Gesa. Nur von Menschen aufgezogene Tiere dulden solche Nähe.

eines der größten Schutzgebiete Deutschlands und für Wölfe direkt von der polnischen Grenze zu erreichen. Waldbedeckte Hügel wechseln mit weiter Feldlandschaft. Nur 28 Einwohner leben hier im Durchschnitt auf einem Quadratkilometer, so wenig wie kaum anderswo in Deutschland. In den Wäldern wurde bis in die jüngste Vergangenheit keine Besiedlung zugelassen. Von den Grafen der Askanier über die brandenburgischen Kurfürsten und deutschen Kaiser bis hin zu Nazi-Größen wie Hermann Göring und DDR-Führern wie Erich Honecker, sie alle jagten in diesen Wäldern.

Die Jagdgründe der Mächtigen mit überreichem Wildbestand – ein idealer Lebensraum auch für den Jäger Wolf. Doch lebt der Graue nicht vom Wild allein. Störungsfreie Zonen, in denen er den Tag verdöst, von Biologen »Tageseinstände« genannt, sind für ihn ebenso wichtig wie ein sicherer Ort für seine Welpenaufzucht. Als Anpassungskünstler nimmt der Wolf vorlieb mit dem, was er bekommt: Dickungen, Schilfgebiete, Mais- oder Getreideschläge und – wo vorhanden – Berghänge oder Schluchten. Im Gegensatz zu einem großräumigen Jagdrevier, das je nach Beutedichte hundert bis über tausend Quadratkilometer umfasst, braucht der Wolf zum Ruhen wenig Raum: Schon kleine Tageseinstände reichen ihm und lassen sich in nicht zu dicht besiedelten Gebieten nahezu mühelos finden. Nicht die Zerstörung seines Lebensraums hat den Wolf weltweit so dezimiert, sondern die direkte Verfolgung durch den Menschen machte ihm den Garaus. So zog er sich in menschenleere Gebiete mit großen Wäldern zurück und hinterließ das Bild, er bräuchte Wildnis für sein Überleben. Ein Bild, das abfallfressende Wölfe in Italien und Rumänien, Wölfe in siedlungsdichten Regionen im spanischen Galizien und der Slowakei oder überfahrene Wölfe am Rande Roms, Stockholms und sogar Berlins Lügen strafen. So schlussfolgert auch der Autor des Brandenburger »Managementplanes«: »Wölfe kommen in vielen Teilen ihres Verbreitungsgebietes mit weit schlechteren Bedingungen zurecht. Greift der Mensch nicht regulierend ein, so ist mit Ausnahme der Ballungszentren eine flächendeckende Besiedlung Brandenburgs zu erwarten.«

Grund genug für Gesa, im Februar 1999 nach Brandenburg in die Schorfheide zu ziehen – nur für eine Weile, denkt sie, dann will sie weitersehen. Sie jobbt mal hier, mal dort. In jeder freien Stunde widmet sie sich jedoch den Wölfen. Sie hat sich in den Kopf gesetzt, alle Informationen über die polnischen Einwanderer, die sie bekommen kann, zu sammeln: von Jägern, Förstern, Naturschutzämtern, Grenzbeamten und von Anwohnern. Aus den vergangenen elf Jahren findet sie über hundertvierzig Hinweise. »Das heißt natürlich nicht, dass hundertvierzig Wölfe hier waren. In vielen Fällen wird es sich um dieselben

Wölfe brauchen keine Wildnis. Eine Kulturlandschaft mit Wald und Wild wie die Schorfheide ist für sie ideal.

57

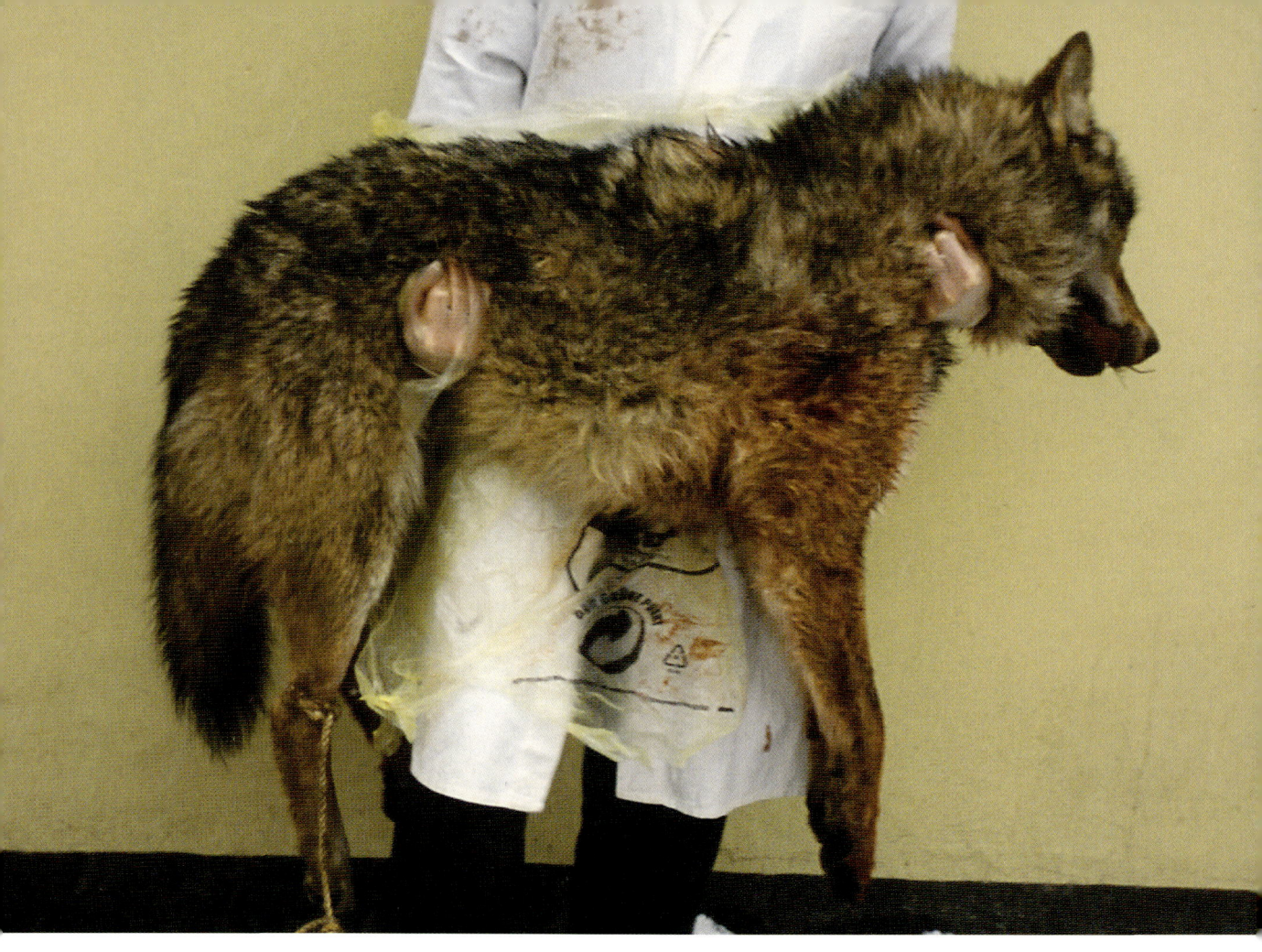

Tiere handeln, die immer wieder mal gesehen werden. Und sicher sind auch eine Menge Verwechslungen mit Hunden darunter«, erklärt Gesa.

Unmittelbar vor ihrem Umzug nach Brandenburg wird am 9. Januar 1999 im benachbarten Mecklenburg-Vorpommern wieder ein Wolfs-rüde erschossen. Ein Fall, der durch die Presse geht und später sogar die Grundlage für den Kriminalroman *Schreiber und der Wolf* des *Stern*-Reporters Werner Schmitz liefert. Clemens Freiherr Ostmann von der Leye aus Osnabrück tötet den Wolf auf einer Gesellschaftsjagd auf dem Truppenübungsplatz Jägerbrück. Das Tier ist bereits verletzt, ein ande-rer Schütze hat ihm in den Hinterlauf geschossen. Wer dieser Schütze ist, wird nur in Schmitz´s Krimi, nie aber im wahren Leben geklärt – artenschutzrechtlich betrachtet, ein Skandal. Ein Jahr später muss sich zumindest der Baron vor dem Amtsgericht Ueckermünde wegen Ver-stoßes gegen das Bundesnaturschutzgesetz verantworten. Doch schon bald wird das Verfahren eingestellt, dem Schützen lediglich ein Buß-geld von 1500 Mark auferlegt. Für Juristen gelten solche Fälle als »Freispruch zweiter Klasse«. Was dem Baron zu Gute kam: Zu diesem Zeitpunkt gilt der Wolf in Mecklenburg-Vorpommern als jagdbares Wild, das heißt, er ist zusätzlich dem Jagdrecht unterstellt. Da er einer ganzjährigen Schonzeit unterlag, änderte das im Prinzip nichts an seinem Schutzstatus. Doch die Erklärung des Jägers, er habe das verwundete Tier erlösen wollen, wie es das Jagdrecht vorschreibe, fand dadurch Gehör und wurde zu seinen Gunsten abgewogen. Nach diesem Vorfall ist der Wolf – wie überall anderswo – auch in Mecklenburg-Vorpommern kein »jagdbares Wild« mehr.

Dass ein Wolf auch auf drei Beinen überleben kann, zeigt im Januar 2000 ein weiterer polnischer Einwanderer: Er ist in guter Verfassung, aber mit einem Stumpf als linkem Hinterbein über die Oder gekommen und während der Suche nach einer Wölfin auf eine läufige Schäferhündin im brandenburgischen Ossendorf getroffen. Sein Interesse an der Hündin ist so groß, dass sich das scheue Tier sogar in die Nähe der Besitzer wagt. Die beobachten das Rendezvous vom Auto aus und melden den Behörden den Wolf. Er ist damit der Erste, der seit der Wende lebend publik wird. Schon bald wird ihm ein gerissenes Kalb angelastet. Das Landesumweltamt beschließt, den Wolf einzufangen. Auf drei Beinen sei er nicht zur Jagd wilder Tiere fähig und würde sich eher an Haustieren vergreifen, so die Überlegung. Außerdem sei er stärker gefährdet, ein Verkehrsopfer zu werden. Der Wolf wird gefangen und in den Zoo von Eberswalde gebracht. Immer wieder versucht das extrem menschenscheue Tier auszubrechen, klettert die Zäune

Auf der Lauer liegt Gesa selten. Denn Fährten und Losung sind meist das Einzige, was man von einem Wolf sieht.

Auf drei Beinen kam dieser wilde Wolf nach Brandenburg und warb um eine Hündin. Heute lebt er im Tierpark Schorfheide.

hoch, beißt in den Elektrodraht, springt herunter, klettert wieder hoch. Nähert sich ein Mensch auch nur auf zweihundert Meter, reagiert der Wolf vollkommen panisch. Im Oktober schließlich zieht Naum, wie er inzwischen heißt, in ein größeres Gehege des Wildparks Schorfheide um. Eine Wölfin akzeptiert den Dreibeiner in dem neuen Gehege als Partner, und im folgenden Frühjahr wird er Vater.

Trotz des rührenden Happy Ends gefällt Gesa diese Geschichte ganz und gar nicht, die sich da so dicht vor ihrer Haustür abspielt. »Die Behörden verschließen vor ihrer eigentlichen Aufgabe die Augen, wenn sie jeden möglichen Problemwolf vorsorglich wegfangen«, meint die Biologin. Es gehe doch darum, das Zusammenleben mit den Wölfen zu lernen. Die Menschen müssten darauf vorbereitet werden, dass es in seltenen Fällen auch zu Haustierrissen kommen kann und wie man sich davor schützt. »Alles andere ist Augenwischerei, sozusagen der Wolf im Weichspülgang«, schreibt sie in einem Leserbrief. Eine günstige Gelegenheit, dem Tier einen Sender anzulegen und sein Verhalten so zu verfolgen, sei nun vertan. »Erst, wenn er wirklich anfängt, immer wieder Nutztiere zu reißen, dann hätte man ihn wegfangen oder besser sogar töten müssen«, sagt die Biologin.

In einem von den Hundebesitzern aufgenommenen Amateurvideo läuft Naum auf seinen drei Beinen erstaunlich schnell um die Hündin herum, schlägt sogar einen anderen Schäferhund in die Flucht. Die Biologin bezweifelt stark, dass dieses Tier im Freiland keine Chance gehabt hätte. Sie ist enttäuscht, dass man sie ihm nicht gewährt hat. Verletzte Wölfe schlagen sich auch anderswo durchs Leben, weiß sie aus Estland und aus Polen, sie ernähren sich vermutlich von Aas und allem, was sie finden. »Wem hilft es«, fragt sie, »wenn Naum im Gefangenschaft Nachwuchs zeugt? Gehegewölfe gibt es mehr als genug. Doch für die Wolfpopulation, die sich hier im Lande etablieren könnte, ist er für immer verloren.«

Als Naums Schicksal mit dem Umzug in den Wildpark endgültig besiegelt wird, lebt Gesa schon anderthalb Jahre in der Schorfheide. Sie hat inzwischen Kontakt zu vielen Jägern und Förstern, und ihre Wolfskartei wächst immer weiter. Geldgeber für ihre Recherche findet die Biologin jedoch noch immer nicht, weder im Ausland noch in Deutschland. Von einem Bekannten erhält sie schließlich einen entscheidenden Tipp: In Polen, so sagt er, gebe es auch so jemanden wie sie. Sie soll Sabina Nowak heißen und hat ihr ganzes Engagement dem Schutz der Wölfe verschrieben. So wie Gesa es gern täte. Doch es gibt einen entscheidenden Unterschied: In Polen leben Wölfe!

Die beiden Frauen treffen sich, verstehen sich auf Anhieb. Sie wollen zusammenarbeiten, Seminare organisieren, sich austauschen. Vielleicht gelingt es ihnen sogar gemeinsam, einen Geldgeber zu finden.

Sie finden ihn tatsächlich – über einen engagierten Journalisten, der es sich partout in den Kopf gesetzt hat, einen Film über Wölfe in Polen und Deutschland zu drehen. Er wird sie später mit einer finanzstarken Tierschutzorganisation bekannt machen.

Es beginnt mit einem entnervten Anruf von Sabina bei Gesa. In ihrer Mailbox ist eine seitenlange e-mail aus Deutschland gelandet. Da will einer Wölfe filmen und so weiter und so fort. Sabina hat überhaupt keine Zeit, die vielen Seiten zu lesen, geschweige denn, sich darum zu kümmern. »Kannst du dem schreiben?«, fragt sie die deutsche Kollegin. Gesa antwortet dem Journalisten. Und so beginnt die Geschichte einer langen Zusammenarbeit zwischen Polen und Deutschen, zwischen Filmern und Forschern.

7. KAPITEL

EIN FREUND DER WAHREN MÄRCHEN

Es sind die Ekligen und Ungeliebten, die Verschmähten und Verhassten im Reich der Tiere, die Holger Vogt inspirieren. »Ich würde wohl kaum einen Film über Rotkehlchen machen, denn die liebt jeder«, sagt der Journalist. Aber einen Film über Raben und Elstern hat er schon gedreht und über Fledermäuse und Haie, Tiere also mit einem schlechten Image. »Es gibt so viele Schauermärchen über diese Tiere, dass es mich einfach reizt, mit all den Vorurteilen aufzuräumen und die Wahrheit zu erzählen.« Der gelernte Wirtschaftsingenieur, der über die Reportagefotografie zum Filmen kam, findet es nicht fair, wenn Fledermäuse als Blutsauger verteufelt, Haie als Killermaschinen und Elstern und Raben zu Unrecht als Singvogelräuber verurteilt werden. »Diese Tiere tun nur das, was ihre Biologie ihnen vorschreibt.«

Es ist nicht der Wolf als Symbol für Freiheit und Abenteuer, für Eleganz und Wildheit, der sein Interesse weckt. Ihn reizt der »böse« Wolf, der ohne Grund gefürchtet wird, dem Hass entgegenschlägt, der vielerorts noch immer gnadenlos geschossen wird. »So etwas weckt meinen Widerspruch, da will ich gegenhalten, aufklären, einfach ein winzig kleines bisschen dazu beitragen, dass es im Umgang mit solchen Tieren gerechter zugeht.« Folgerichtig stehen in Holger Vogts Filmen nicht nur die Tiere im Zentrum der Geschichte, sondern auch die Menschen. Jene, die ablehnend sind und deren Motive der Journalist ergründen will, und vor allem jene, die wie er um Fairness werben. Denn es sind Menschen, von deren Reaktion das Überleben vieler Tiere abhängt, die über Wohl und Weh der Art entscheiden.

Seit die ersten Nachrichten von eingewanderten Wölfen und deren Abschuss kurz nach der Wende in den Westen drangen, ist Holger dem Thema Wölfe in Deutschland auf der Spur. Er sammelt jeden Artikel, telefoniert mit Förstern und Wissenschaftlern, wirbt bei Filmproduzenten und Redakteuren für seine Idee. »Wie willst du einen Film über Wölfe in Deutschland machen, wenn du sie nicht drehen kannst?«, fragen sie ihn.

Didi, Donner und Doria aus dem Tierpark Schwarze Berge doubeln in den NDR-Filmen die wilden Verwandten. Denn die lassen sich nur selten blicken.

62

Eine Geschichte über Menschen will da noch niemand haben. Zweibeiner, wenn sie noch nicht einmal Federn haben, dürfen allenfalls kleine Nebenrollen spielen. Der deutsche Tierfilm der frühen neunziger Jahre hält, wie damals schon seit über zwanzig Jahren, an der Tradition fest, ausschließlich das Tier in den Mittelpunkt zu stellen. Bilder von Gehegetieren gelten als verpönt, werden nur ausnahmsweise toleriert, auf keinen Fall für einen ganzen Dreiviertelstundenfilm akzeptiert. Bislang gab es kaum Aufnahmen von wilden Wölfen in Europa. Berühmt wurden jene des Schweizer Markus Zeugin im Rahmen einer BBC-Produktion. Er filmte eine Wölfin auf ihrem frühmorgendlichen Weg von den Müllkippen der rumänischen Stadt Brasov zurück zu ihren Welpen. Sie huschte nur wenige Meter an heimkehrenden Partybesuchern vorbei, lief mitten durch den Berufsverkehr der erwachenden Stadt – und lieferte damit den überzeugenden Beweis, dass Wölfe nicht zwingend Wildnis brauchen. Wolfforscher Erik Zimen drehte Filme über Wölfe in Spanien und Italien und setzte dafür größtenteils zahme Tiere ein – ein Beweis für Holger, dass man so Geschichten über wilde Wölfe erzählen kann. Das will, das muss er hier auch tun.

Doch er gibt die Hoffnung nicht auf, auch wilde Wölfe vor die Kamera zu bekommen, wenn nicht in Deutschland, dann in Polen, da ist er sich ganz sicher. Und er wird den Tierfilmern und Redakteuren, da vertraut er seiner Überzeugungskraft, schon noch verständlich machen können, dass eine Geschichte über Tiere meist auch eine Geschichte über Menschen ist. Wer demonstriert das besser als der Wolf? Kein anderes Tier

Mit den Dreharbeiten beginnt eine lange Zusammenarbeit zwischen Forschern und Filmern.

erhitzt die Gemüter mehr, trennt die feindlichen Lager weiter, erfordert mehr Toleranz unter den Interessensgruppen.

Über sechs Jahre lang recherchiert und wirbt Holger Vogt für seine Idee. Er wohnt zu dieser Zeit in der Nähe des Tierparks Schwarze Berge bei Hamburg. Immer wieder versucht er den dortigen Direktor von einem Wolfsgehege zu überzeugen – einem richtig großen. So groß, dass Wölfe sich darin wohl fühlen, sich einigermaßen natürlich verhalten und er sie naturgetreu filmen kann. Das Gehege wird 1999 tatsächlich gebaut, doch für Holgers Ansprüche zu klein. Wieder wirbt er bei den Verantwortlichen, setzt alles daran, das nötige Geld über Sponsoren zu bekommen. Sein Engagement überzeugt: Obwohl die Finanziers im letzten Moment abspringen, erweitert der Wildpark auf eigenes Risiko das Gehege. Nun können endlich die Wölfe einziehen: Donner und Didi aus Lohberg im Bayerischen Wald und eine Wolfsdame aus Kassel. Sie wird Partnerin von Donner – und prompt von Holger auf den Namen Doria getauft. Ihre Familie wird zum Double der wilden Wölfe in Holgers Filmen. Und ihre Fotos, von Uwe geschossen, werben noch heute in vielen Presseartikeln und Broschüren für die Verwandten draußen.

Im Winter 2000/2001 gelingt Holger der entscheidende Durchbruch. Er erfährt von zwei jungen Biologinnen, eine in Polen, eine in Deutschland, die sich für den Schutz der Wölfe einsetzen. Sofort nimmt er Kontakt auf, schreibt e-mails, telefoniert. Die junge Deutsche, Gesa Kluth, reagiert als Erste. Sie ist gerade auf dem Sprung nach Polen. Sobald es schneit, will sie nach Fährten suchen in einem Waldgebiet nördlich der Stadt Posen, der Puszcza Notecka – eines von wenigen Gebieten Westpolens, in denen sich in den letzten dreißig Jahren wieder Wölfe angesiedelt haben. In jenem Winter läuft im gesamten Nachbarland eine von Polens Forstministerium angeordnete Inventur: In allen Forstbezirken und Nationalparks werden Spuren von Luchsen und Wölfen erfasst. Von rund achthundert Wölfen in Polen ging man bis dahin aus, doch Wolfsexperten befürchten, dass diese Zahl viel zu hoch gegriffen sei. Das soll nun überprüft werden.

Holger hält sich bereit, informiert Tierfilmer Uwe Anders, den er inzwischen für seine Idee gewinnen konnte. Der Journalist setzt alles auf eine Karte: Er wird diesen Film beginnen, auch ohne Auftrag von einem Sender, auch ohne Geldmittel für die Dreharbeiten. Wenn er seine Idee verwirklichen will, kann er nicht länger zögern. Er hat es im Gespür: Die Dinge kommen ins Rollen, es wird bald etwas passieren.

Journalist Holger Vogt will mit den Schauermärchen über den Wolf aufräumen und »wahre Geschichten« erzählen.

8. KAPITEL

AUF SPURENSUCHE IN POLEN

Februar 2001: »Es schneit in Polen!« Gesas Anruf bei Holger ist kurz und bündig. Er und Uwe machen sich sofort auf den Weg. Als die beiden Männer Gesas Wohnort in der brandenburgischen Schorfheide erreichen, ist es schon dunkel. Auf schneenassen Straßen geht es weiter bis tief in die Nacht, über die Grenze nach Polen, hundertfünfzig Kilometer gen Osten.

Am nächsten Morgen hat es Oberförster Pawel Przychodniak eilig – das Wetter ist über Nacht umgeschlagen, es taut. In seinem Büro steht in einer Glasvitrine ein ausgestopfter Wolf, erschlagen von Bauern. Ein Wolfstod, der den Förster ärgert. Er hat seine Wölfe im Revier schon zu schützen versucht, bevor es die Gesetze vorgeschrieben haben. Er sieht es ganz pragmatisch: Seine Reviere würden für devisenbringende Westjäger attraktiver durch den Wolf, auch wenn die Gäste nur auf Rotwild schießen dürfen. Auf seinem Auto prangt das Emblem der Oberförsterei: ein Wolfskopf.

Der Wald nördlich von Posen ist lange schon kein Urwald mehr. Schachbrettartig durchschneiden Wegschneisen den Kiefernforst, was den Spurensuchern hilft. Zwangsläufig müssen die Wölfe die Wege irgendwo kreuzen, wenn sie sich hier fortbewegen. Das erleichtert die Suche vom Lenkrad aus. »Wir haben welche«, ertönt es aus dem Funkgerät von einem anderen Suchtrupp. Das Team fährt hin, Gesa prüft, misst den Abdruck: zehn Zentimeter die Vorderpfote, das könnte hinkommen. Doch der Förster schaut zweifelnd auf die Fährte: Zu unregelmäßig sind die Pfoten hintereinander gesetzt, zu stark überlappen sich in der Mitte die Ballenabdrücke. »Hund«, sagt er. Gesa nickt: »Ja, das ist kein Wolf.«

Eine Wolfsfährte finden sie an diesem Tag nicht mehr. Der Förster ist enttäuscht, gern hätte er den Deutschen seine Wölfe gezeigt. Im Jahr 1990 lebten in der Puszcza Notecka noch über vierzig Tiere. Zweiundzwanzig davon wurden erschossen, bevor das Gesetz es offiziell verbot,

Wenn überhaupt, leben nur noch vereinzelte Wölfe nördlich von Posen. Vor fünfzehn Jahren waren es vierzig.

66

Wolfswelpen sind in Nordost- und Südostpolen keine Seltenheit, doch im Westen leben kaum noch Rudel.

auch, wie der Förster erzählt, von deutschen Trophäenjägern. Wie viele sind es jetzt? Es gibt schon noch welche, will der Förster versichern, aber in seiner Stimme schwingt Zweifel mit.

Der Schnee ist geschmolzen, die Spurensuche vorerst beendet. Das Team bricht auf, zurück zur Grenze. Ihr nächstes Ziel: das Oderknie. Dort, wo der Fluss eine fast rechtwinkelige Kurve macht, nahe des kleinen Ortes Mieszkowice, liegt der Piaskowa Forest. Dort lebt ebenfalls ein Wolfsrudel, keine siebzig Kilometer von Berlin entfernt. Auch im Büro von Oberförster Nosal steht ein toter Wolf, geschossen in der Zeit vor dem gesetzlichen Schutz. Draußen im Wald zeigt der Förster, wo er die Wölfe zum letzten Mal gesehen hat, zwei sind es gewesen. Seit acht Jahren etwa leben sie zu diesem Zeitpunkt im Sonntagswald. Acht bis neun Tiere vermutet Förster Nosal, ein ganzes Rudel, ein Paar mit seinen Jungen. Von hier aus ist die Chance groß, dass einige Graue nach Brandenburg kommen, der sumpfige Oderbruch liegt gerade gegenüber, die waldreiche Schorfheide nicht weit davon.

Gesa und die Filmer freuen sich. Ein Rudel direkt an der Grenze, das macht Hoffnung. Sie alle wissen: Ohne Nachschub aus dem Osten wird der Wolf in Deutschland keine Chance haben. Und dieser Nachschub ist alles andere als garantiert.

Seit 1998 stehen Wölfe in ganz Polen unter Schutz. Doch in den Schlingen von Wilderern, ausgelegt für Hirsche und Wildsauen, finden noch heute viele von ihnen den Tod, und es werden noch immer welche illegal geschossen. Lange Zeit erging es den Wölfen in Polen wie in so vielen andere Ländern auch: Sie wurden gejagt, wo immer sie sich zeigten. Doch es gelang den Menschen nicht, sie völlig auszumerzen. Große, unzugängliche Gebiete im Süd- und Nordosten boten den verfolgten Wölfen Schutz. Jedes Mal, wenn man ihnen großräumig nachstellte, blieben dort einige verschont. Und jedes Mal, wenn die Menschen untereinander statt gegen die Wölfe zu Felde zogen, breiteten sich die grauen Räuber wieder aus und eroberten verlorenes Terrain zurück.

Erste ausführlichere Berichte über Wölfe in Polen stammen aus der ersten Hälfte des 19. Jahrhunderts. Im ganzen Land wurde damals der Wolf verfolgt, vergiftet und erschossen. Eine nennenswerte Zahl der Tiere überlebte nur noch im russischen Teil Groß-Polens. Im Jahr 1848 verkündete der Zar per Gesetz, dass sämtliche überlebende Wölfe vernichtet werden sollten. Wer einen Grauen tötete und als Beweis dessen Schwanz und Ohren vorlegte, bekam eine Belohung, wer seine Pflicht nicht erfüllte, wurde bestraft. Im Ersten Weltkrieg, als die Menschen um ihr eigenes Überleben kämpften, breitete sich der Wolf wieder aus. 1927 wurde er erneut zu einem »totalen Schädling« erklärt, den es mit allen zur Verfügung stehenden Mitteln auszumerzen galt. Westlich der Weichsel waren die Wölfe vor dem Zweiten Weltkrieg praktisch ausgerottet. Während der Kriegsjahre erholte sich der Bestand erneut. Rund achthundert bis tausend Wölfe lebten damals in dem flächenmäßig deutlich geschrumpften Polen. Immer wieder wanderten einige von ihnen weiter nach Westen. Sie schwammen über die Oder und Neiße und tauchten in der ehemaligen DDR und in Niedersachsen auf. Manche kehrten zurück. Andere blieben. Wenn sie entdeckt wurden, hatten sie keine Chance: Zwischen 1948 und 1961 wurden in Norddeutschland mindestens sechs Wölfe erschossen.

Doch schon bald blieb der Nachschub aus Polen aus. Im Jahr 1955 verabschiedete der polnische Staat ein Programm, das erneut für jeden getöteten Wolf eine Prämie vorsah. In nur zwanzig Jahren reduzierten die Jäger die Zahl der Wölfe im Land auf ein Zehntel: Zu Beginn der siebziger Jahre lebten nicht mehr als hundert der grauen Raubtiere in Polen, und die ausschließlich in den südöstlichen Karpaten.

Während dieser Jahre breitete sich der Umweltschutzgedanke ganz allmählich auch in Polen aus. Das kam den Wölfen zugute. Immer mehr Menschen wehrten sich gegen die Ausrottung der grauen Raubtiere in ihrem Land und verschafften sich ganz allmählich Gehör. 1981 erhielt der Wolf eine Schonzeit von April bis Juli. Aber erst 1989 schaffte die Regierung jegliche Jagdprämien ab. Ab sofort musste, wer einen Wolf erlegen wollte, zahlen, statt dass er verdiente. Das veränderte schlagartig das Verhältnis vieler Jäger zum Wolf.

Wieder erholte sich der Wolfsbestand. Mitte der neunziger Jahre schätzte man über achthundert Tiere in Polen. Nach wie vor lebten die meisten von ihnen in den Karpaten und im Nordosten des Landes. Doch wie all die Jahre zuvor wanderten auch jetzt Wölfe von dort nach Westpolen. Der entscheidende Unterschied zu früher: Sie hatten nun eine Chance, dort zu überleben.

Von Mitte der achtziger bis Mitte der neunziger Jahre meldeten immerhin insgesamt neun westpolnische Woiwodschaften Wölfe. Die Tiere wandern bevorzugt entlang alter Urstromtäler oder Gebirgszüge von Ost nach West, orientieren sich an markanten Landschaftsstrukturen und laufen dort, wo sich ihnen die wenigsten Hindernisse in den Weg stellen. Viele Wölfe nehmen deshalb ähnliche Routen, Wildbiologen nennen sie Korridore. Drei solche Korridore von Ost nach West unterscheiden die Forscher in Polen: zwei nordpolnische, ausgehend von Masuren und dem Białowieża Nationalpark. Einer davon durchquert das große Waldgebiet Puszcza Notecka südlich von Posen, und der andere verläuft weiter nördlich parallel zur Küste. Der südpolnische Korridor führt von der Grenze zur Ukraine gen Südwesten, südlich vorbei an Lublin und nördlich vorbei an Breslau nach Niederschlesien. Eine Querverbindung von Nord nach Süd läuft parallel zur deutsch-polnischen Grenze.

Über diese Korridore wandern immer wieder Tiere aus den wolfsreichen Gebieten im Osten und Süden des Landes in Polens Westen. Von dort laufen einzelne Wölfe noch weiter nach Westen, nach Deutschland. Über die Grenze bei Stettin können sie nach Mecklenburg kommen. Im Oderknie zwischen Bad Freienwalde und Angermünde und über das Berliner Urstromtal zwischen Frankfurt/Oder und Eisenhüttenstadt wandern sie nach Brandenburg ein. Und auf der Höhe Lubin – Hoyerswerda schwimmen sie über die Neiße. Dann sind sie im Norden Sachsens – in der Oberlausitz (siehe Karte S. 214).

So jedenfalls vermuten es die Wissenschaftler. Niemand hat bislang einen Wolf von Ost nach West verfolgen können und genau beobachtet, wo das Tier läuft. Es sind Rückschlüsse aus Hinweisen und Abschussdaten sowie aus Beobachtungen von polnischen und deutschen Grenzsoldaten. Aus all diesen Angaben entstand über viele Jahre ein Bild, welche Korridore die meisten Wölfe vermutlich entlang wandern.

Es sind einzelne Tiere, die auf der Suche nach einem Partner und einem neuen Revier die Grenze überqueren. Alle in Deutschland nachgewiesenen wilden Wölfe der letzten fünfzehn Jahre waren Rüden, kein einziges weibliches Tier wurde geschossen. Wandern Rüden weiter ab als Fähen? Verschiedene Studien kommen zu unterschiedlichen Ergebnissen. Bei beiden Geschlechtern gibt es einzelne Individuen, die sehr weit abwandern, Rüden offenbar etwas häufiger als Fähen. Die Stichprobe der deutschen Wölfe ist allerdings noch sehr klein. So mag auch der Zufall eine Rolle spielen, dass lediglich Rüden gefunden wurden. Dass es jedoch stets nur einzelne Tiere waren, hat einen einfachen Grund: Die Wölfe, die nach Deutschland kamen, hatten keine Zeit, auf eine einwandernde Partnerin aus dem Osten zu warten. Sie wurden erschossen, überfahren, eingefangen – einige wanderten vielleicht auch wieder zurück, weg aus dem wolfsleeren Land.

Diesen einzelnen Wölfen will Gesa Kluth in Brandenburg nachspüren, für ihre Akzeptanz will sie sich einsetzen. Auf diese Einzelgänger setzen Holger und Uwe, vielleicht gelingt es ja doch mit sehr viel Glück, sie vor die Kamera zu bekommen. Ihre traurige Geschichte möchte der Journalist erzählen und hofft dabei trotzdem auf ein Happy End. Dass es vielleicht mal einem Wolf gelingt, länger zu überleben, sich anzusiedeln und Junge großzuziehen.

Als Holger mit seinem Film Anfang des Jahres 2001 beginnt, hat er keine Ahnung, dass das schon längst geschehen ist.

9. KAPITEL

DIE ERSTEN WOCHEN EINER WÖLFIN

Mai bis November 2000: Sie tritt ihrer Mutter in den Bauch, so fest sie kann. Immer wieder, immer heftiger, mit der ganzen Kraft ihres kleinen Körpers. Endlich hat sie Erfolg: Aus der Zitze, die sie mit ihrem Mäulchen fest umschlossen hält, quillt fette Milch. Gierig trinkt sie, bis ihr kleiner Bauch aussieht, als habe sie gerade einen Tennisball verschluckt.

Die Welt der kleinen Wölfin ist dunkel. Den schwachen Lichtschein, der von draußen in die Erdhöhle dringt, in der ihre Mutter sie vor zwei Wochen zur Welt gebracht hat, sieht sie kaum. Zwar hat sie vor zwei Tagen ihre Augen geöffnet, doch ihr Gesichtssinn ist noch kaum entwickelt, ihr dunkles Fell kümmerlich. Sie hört nichts und riecht kaum etwas, kriecht auf dem Bauch umher und weint mit dünnem Stimmchen, wenn ihr kalt ist oder sie Hunger verspürt. Sie ist ein hilfloses kleines Tierkind, völlig abhängig von seiner Mutter, die sich liebevoll und fürsorglich um sie kümmert.

Die Milchzitze ist das Einzige, was sie wirklich interessiert. Der Milchtritt, mit dem sie den Milchfluss anregt, ist ihr angeboren. Die Mutter ist fast die ganze Zeit bei ihr und ihren Geschwistern, wärmt sie und leckt ihre Bäuche, damit sie koten und urinieren können.

Manchmal steckt ein anderer großer Wolf seinen Kopf in die Höhle hinein – ihr Vater, der die Mutter mit Fleisch versorgt. Er ist von Polen aus dem Niederschlesischen Wald gekommen, ein gutes Jahr, nachdem seine Mutter erschossen worden war und das Rudel drüben am anderen Neißeufer allmählich zerbrach. Jetzt zieht er selbst zum ersten Mal Junge groß. Deshalb muss er die Familie allein versorgen, hat noch keine Halbstarken an seiner Seite, die ihm helfen könnten. Doch es ist warm in diesem Mai 2000, und auf dem Truppenübungsplatz Oberlausitz, den er zu seinem Revier erkoren hat, gibt es viel Beute: Rehe vor allem, auch Rothirsche, kleine Wildschweine und dann und wann mal einen Hasen.

Anderthalb Wochen später steckt die kleine Wölfin zum ersten Mal ihre Nase nach draußen: Sie ist eine ganz andere geworden. Ihre Augen

Schon früh üben sich Wolfs-welpen im Heulen.

72

Endlich Sonne. Mit drei Wochen kommen die kleinen Wolfswelpen zum ersten Mal aus der Wurfhöhle.

blicken lebhaft umher, sie hört den Wind in den Baumwipfeln, riecht die warme Erde. Das Fell ist wuschelig dicht, sie kann laufen, springen und sogar knurren. Dank der nahrhaften Muttermilch hat sie gut drei Pfund zugelegt.

In den ersten Tagen ist die kleine Wölfin nur wenige Minuten draußen, dann allmählich immer länger. Ihre drei Brüder, die sie bislang kaum mehr denn als warme Kuschelkissen wahrgenommen hat, entpuppen sich als interessante Spielpartner. Sie läuft mit ihnen um die Wette, balgt und rauft. Sie will zeigen, wer sie ist – eine Wölfin, vor der sie Respekt haben sollen. Schon im jüngsten Welpenalter handeln die Geschwister untereinander eine Rangordnung aus, die oft lange unverändert bleibt.

Die kleine Wölfin hat keinen leichten Stand. Sie ist als Weibchen naturgemäß etwas kleiner als ihre Brüder. Doch selbst im Vergleich zu anderen weiblichen Welpen ist sie eher zu klein, zu zierlich, wiegt einige Gramm weniger als andere Wölfinnen in ihrem Alter. Hätte sie noch mehr Geschwister, wäre die Witterung schlechter und das Wild weniger, dann hätte sie wohl kaum eine Überlebenschance gehabt. Doch in der Muskauer Heide sind die Bedingungen in diesem Frühjahr günstig, zu ihrem Glück.

Regelmäßig säugt die Mutter ihre Jungen. Ihre Tochter hat schon Hunger auf mehr. Sie weiß genau, wie sie ihren Vater dazu bringt, ihr etwas von seiner Beute abzugeben. Sie winselt, wedelt mit dem kleinen Schwanz, kriecht auf dem Bauch und versucht, den Mundwinkel des Rüden zu lecken. Instinktiv tut sie das Richtige. Beim Betteln zeigt sie das typische Demutsverhalten ihrer Art, die Körpersprache, die ihr Vater versteht und die ihn dazu bewegt, vorverdaute Nahrung hervorzuwürgen und sie zu füttern. Mit dieser Körpersprache wird es der Wölfin auch später gelingen, jedem ranghöheren Tier unmissverständlich ihre friedliche Absicht kundzutun und Ärger zu vermeiden.

Wenn Tiere miteinander leben und eine Gemeinschaft bilden, müssen sie Mechanismen entwickeln, um einander ihre Absichten mitzuteilen. Ein Mittel dafür ist die Körpersprache. Es gibt kaum ein Tier, bei der sie so differenziert und ausgeprägt ist wie bei Wölfen. Der Nachwuchs bleibt relativ lange bei den Eltern, hilft in der Regel noch, den nächsten Wurf großzuziehen. Damit sie möglichst reibungslos zusammenleben, haben Wölfe diese Körpersprache entwickelt, teilen einander ihre Absichten mit. Die Jungen akzeptieren die Vorrangstellung der Alten, demonstrieren ihre Unterlegenheit mit angelegten Ohren, gekrümmtem Rücken und Mundwinkellecken – und bewirken so geschickt, dass die Alten ihnen Beute überlassen. Kommt es doch mal zu

Wölfinnen sind liebevolle Mütter. Anfangs verlassen sie die Welpen kaum.

Rangeleien, macht sich der Überlegene groß mit gespitzten Ohren und hoch getragenem Schwanz.

Nach vier Wochen beherrscht die kleine Wölfin fast das gesamte Repertoire an Gesten und Körperhaltungen, das auch die alten Tiere zeigen. Sogar das Markenzeichen ihrer Art – das Heulen – hat sie schon ausprobiert. Wenn die Eltern abends lautstark den Aufbruch zur Jagd verkünden, strecken auch sie und ihre Brüder die Köpfe gen Himmel und lassen ihre dünnen Stimmen erklingen.

Es wird Sommer und heiß auf dem sandigen Truppenübungsplatz. In die Höhle kehrt die junge Wölfin jetzt kaum mehr zurück. Den Tag verbringt sie mit den Eltern und Geschwistern im Dunkel des schattigen Kiefernwaldes. Es ist eine sorglose Zeit. Sie spielt mit den Brüdern, döst und wird rundum versorgt. Obwohl ihre Mutter sie inzwischen grollend zurückweist, wenn sie trinken will, muss sie nicht hungern. Die Eltern gehen inzwischen wieder beide auf Jagd und bringen kleine Beutetiere oder -teile für ihren Nachwuchs mit. Dank der Fürsorge wächst sie rasch, aus dem tollpatschigen Welpen mit Stumpfschnauze und Kippöhrchen wird eine schlanke Jungwölfin mit hohen Beinen, spitzer Schnauze und aufgestellten Ohren. Die Welpen sehen ihren Eltern immer ähnlicher.

Im Herbst sind sie kaum noch von den Alten zu unterscheiden. Die Wölfin ist noch immer die kleinste und zierlichste, aber in guter Verfassung. Inzwischen gehen die Geschwister mit den Alten auf Beutezug. Sie lernen, wie die Eltern Spuren verfolgen, die Beute mit ihrer feinen

Im Schutz der Eltern oder älteren Geschwister wagen die Kleinen erste Ausflüge.

Nase finden, sich ihr gegen den Wind nähern. Wenn die Mutter, der Vater oder alle beide loslaufen und das Reh oder den Hirsch jagen, bleiben die Jungen zurück und warten gespannt. Oft kommen die Alten erfolglos zurück. Aber wenn es ihnen gelingt, die Beute zu reißen, stürmen die Jungen herbei und fressen sich satt.

In dieser Zeit sieht die Wölfin auch zum ersten Mal Menschen. Gerochen hat sie sie schon öfter und vor allem gehört. Anfangs, nachdem sie zum ersten Mal aus der Höhle gekrochen war, hatte sie sich sehr erschrocken vor dem Wummern und Knallen, das über den Truppenübungsplatz schallte. Doch schon sehr bald hatte sie sich daran gewöhnt, hatte erkannt, dass ihre Eltern keine Angst davor hatten, und war beruhigt.

Das Knallen und Brummen hört sie immer noch sehr oft, meistens am Tag, manchmal auch nachts. Sie sieht riesige Ungetüme durch die Kiefernstämme hindurch, die sich rumpelnd fortbewegen, einen Höllenlärm machen und stinken. Doch am Verhalten ihrer Eltern erkennt sie, dass die Blechmonster ungefährlich für sie sind. Auch die Menschen, die sie wahrnimmt, bedrohen sie nicht. Am Tage sieht sie sie nur von weitem, hört ihre Stimmen, riecht manchmal ihren Schweiß. Sie spürt, dass die Eltern vorsichtig, aber nicht voller Angst sind. Sie gehen kein Risiko ein und vermeiden möglichst Sichtkontakt mit den Menschen. Und so wie die Eltern verhält sich die Tochter.

Es fällt ihr leicht. Denn sie hat einen ungeheuren Vorteil den Menschen gegenüber: Lange bevor die sie sehen, hat die Wölfin sie längst gerochen und gehört. Sie geht ihnen einfach aus dem Weg oder bleibt im Dickicht verborgen. Tagsüber, wenn die Panzer rollen und die Gewehre knallen, hat die Jagd auf Wild ohnehin wenig Sinn. Manchmal schießen die Soldaten auch nachts, ansonsten aber ist es still im Wald, so still wie kaum anderswo. Hier gibt es auch im Sommer abends keine Spaziergänger, keine Fahrradfahrer wie in anderen Wäldern und Parks. Hier singen nur die Heidelerchen, zirpen die Grillen. Manchmal allerdings ziehen die Militärs ab, und es knallt trotzdem noch in der Abenddämmerung, scharf und kurz und nur ein oder zweimal. Dann sind die Revierförster oder Gastjäger unterwegs, haben die Soldaten abgelöst, und die Ziele sind Rehe, Rothirsche oder Wildschweine statt Blechattrappen.

Eines Abends im November haben die Alten den Wind gegen sich, als sie ihre Jungen über den Brandschutzstreifen führen. Sie riechen den Förster nicht auf dem Hochstand, sehen ihn nicht. Aber er sieht sie. Revierleiter Rüdiger Preißner weiß sofort, was er da vor sich hat. Die beiden Alten hat er schon gesehen – doch jetzt sind es sechs. Damit ist es klar: Auf dem Truppenplatz Oberlausitz lebt ein ganzes Rudel Wölfe!

Wolfswelpen werden in Erdhöhlen geboren. Unten eine Originalhöhle des Muskauer Rudels.

© Wildpark Schwarze Berge/Bettina Blumenthal

10. KAPITEL

AUF SPURENSUCHE IN DEUTSCHLAND

Holger und Uwe begleiten Gesa auf der Spurensuche in Polen wie in Sachsen mit der Kamera.

Später Winter 2001: Nur wenige Wochen nach ihrem ersten Polenbesuch sind Uwe und Holger wieder bei Gesa Kluth in der Schorfheide. Die Sachen sind gepackt, die Route klar: Sie wollen gemeinsam in die polnischen Beskiden, den westlichen Ausläufern der Karpaten. Dort lebt die Wolfsexpertin Sabina Nowak.

In der Zwischenzeit hat auch in der Redaktion von NDR Naturfilm ein Wandel stattgefunden. Quoten auf gleich bleibendem Niveau und höhere Ansprüche auf den internationalen Programmmärkten haben zum Umdenken angeregt. Der »alte« Tierfilm, in dem der Wechsel der Jahreszeiten oft der einzige Erzählstrang war, hat ausgedient. Neue Stile bekommen eine Chance, Aufnahmen mit zahmen Tieren, mit Menschen als Protagonisten, und sogar spielfilmartige Elemente sind nicht länger

verpönt. Holgers Idee von einer Reportage über die Rückkehr der Wölfe nach Deutschland fällt jetzt auf fruchtbaren Boden. Der Vertragsabschluss mit dem Sender ist gesichert.

In Gesas Küche sitzen Filmer und Biologin noch eine Weile zusammen, man will nur noch einen letzten Kaffee trinken vor der langen Fahrt in die Karpaten, kommt ins Erzählen. Gesa holt einen kleinen Zeitungsartikel hervor. Das, sagt sie, habe ihr vor wenigen Tagen ein Bekannter geschickt. In Sachsen, so steht darin, soll es ein Wolfsrudel geben, haben Bundesförster zwei erwachsene Wölfe und vier Welpen gesehen. Holger kann es kaum fassen: eine so kleine Notiz über eine so große Sensation!

»Und? Stimmt das? Hat das jemand bestätigt? Hast du da schon angerufen?« Die Fragen des Journalisten prasseln nur so auf Gesa herab. Nein, angerufen hat sie noch nicht bei diesem Amtsvorsteher Rolf Röder vom Bundesforstamt Muskauer Heide, der im Artikel genannt ist. Gesa glaubt nicht so recht an das, was sie da gelesen hat. Zu oft hat sie schon erlebt, dass sich Berichte über angebliche Wolfsrudel als Luft-

Es wird noch sehr lange dauern, bis Gesa in der Oberlausitz wilde Wölfe sieht. Hier ein Filmdouble aus dem Tierpark Schwarze Berge.

79

Glücklich?, fragt der Journalist. Ja, sagt Gesa schlicht und einfach in die Kamera. Rolf Röder und Rüdiger Preißner wussten schon lange von Wölfen im Revier.

nummern erwiesen haben, jedes Mal war es eine Enttäuschung. Die nüchterne Zurückhaltung der jungen Wissenschaftlerin prallt auf den Wissensdrang des Journalisten. Schon hat der den Telefonhörer in der Hand. »Komm, wir rufen da jetzt an!«

Und Gesa ruft an. Natürlich will auch sie wissen, was an dieser phantastischen Geschichte dran ist. Sie hätte es nur gern erst einmal ganz in Ruhe klären wollen. Aber der temperamentvolle Journalist lässt nicht locker, will es gleich wissen. Ein Rudel Wölfe in Deutschland. Das kann doch gar nicht wahr sein.

Am nächsten Tag befindet sich Gesa statt in den Beskiden im Bürozimmer von Forstamtsleiter Rolf Röder im Oberlausitzer Ort Weißkeißel und erzählt: wer sie ist, was sie macht und warum sie es so wichtig findet, die Menschen über Wölfe aufzuklären. Und Rolf Röder berichtet von den Spuren, den Rissen, von den Wölfen, erst einer, dann zwei und jetzt sechs. In der Tür lehnen zwei Filmer, der eine so groß, dass schon er allein den Rahmen füllt, mit einer Mähne dunkler Locken, der andere drahtig und kompakt, die dunkelblonden Haare stoppelkurz. Sie hören dem Bundesförster und der Biologin zu, spüren, dass da zwei Menschen mit ganz ähnlichen Zielen und Gedanken aufeinander getroffen sind. »Die gehören beide weder zu den Leuten, die den Wolf vergöttern und einen Wirbel um ihn machen, noch zu denen, die ihn ungerecht verteufeln. Sie haben einfach dieses Gespür für Fairness, und deshalb waren mir beide auf Anhieb sympathisch«, erzählt Holger später. Forstmann und Biologin reden und reden. Holger grinst, stößt Uwe an: »Die haben uns glatt vergessen!«

Aber dann, nachdem die beiden alle Formalitäten einer Drehgenehmigung auf Militärgelände erledigt haben, nimmt der Bundesförster sie doch mit. Er führt sie und die Biologin ins Wolfsrevier, auf den großen Truppenübungsplatz Oberlausitz in der Muskauer Heide, vorbei an Warn- und Verbotsschildern. Für den Chef des Bundesforstamtes sind die Schranken zu öffnen, hier ist er verantwortlich für Wald und Wild. Er zeigt den Dreien den breiten Sandweg, wo er zum ersten Mal einen Wolf gesehen hat. Das ist schon lange her, 1996 war das, kurz nach seinem Amtsantritt. Ein einzelner Wolf ist es gewesen. Und jetzt? Ein Rudel? Gesa kann es nicht glauben. Revierleiter Rüdiger Preißner ist mit dabei, kann es bestätigen. Er war der Erste, der tatsächlich mehrere Tiere zusammen gesehen hat, und damit wohl der erste Mensch seit über hundertfünfzig Jahren, der in Deutschland ein Wolfsrudel beobachtet hat. Er erzählt es ganz nüchtern in die Kamera: »Das erste Mal hab ich vor zwei, drei Jahren Wölfe gesehen, einen kleineren und einen größeren, beide vollständig grau. Das hat sich dann bis letzten Herbst auf sechs Wölfe gesteigert.«

Es regnet in Strömen, aber Gesa ist nicht zu bremsen. Sie will unbedingt Spuren finden, will sehen, was die Förster ihr erzählen. Uwe flucht: Bei so einem Wetter kann man nicht drehen, das ist doch völlig unmöglich. Holger kennt kein Pardon. Jetzt kann man nicht den Deckel aufs Objektiv schrauben und die Kamera einpacken. Da will, da muss er dabei sein, falls Gesa wirklich Spuren eines Wolfsrudels findet.

Die beiden Förster nehmen die Biologin in ihre Mitte und laufen die Sandwege und Brandschutzschneisen ab. Und tatsächlich: eine Spur, zwei Spuren. Die Tiere haben ihre Hinterpfoten exakt in die Spur der Vorderpfote gesetzt. »Geschnürt«, sagt Forstmann Röder. Und Preißner erkennt: »Ist schon verregnet, aber nicht alt. War vielleicht gestern erst.«

Gesa hockt sich in den nassen Sand, misst, prüft, lacht. »Super, genial!« Wolfsspuren. Der Förster hat es doch gesagt! Nun muss sie es glauben.

»Kein Zweifel?«, hakt Holger nach.

»Nein, kein Zweifel«, sagt Gesa. »Eine Sensation ist das für mich«, freut sich die Biologin. »Ich bin so weit weg gewesen, in Estland, um sie zu erforschen. Und jetzt sind sie hier, leben hier, ziehen ihre Jungen groß – das ist einfach genial.«

»Glücklich?«, fragt Holger.

Und Gesa, die Haare klatschnass vom Regen, sagt schlicht und einfach in das von Tropfen übersäte Kameraobjektiv: »Ja!«

Kein Zweifel, hier ist ein Wolf gelaufen. »Geschnürt« nennen die Fachleute die typisch geradlinige Spur.

11. KAPITEL

HEULENDE FRAUEN UND JUBELNDE FILMER

S päter Winter 2001: Sabina Nowak ist traurig. Sie hockt vor einem Käfiggitter, hält ihre flache Hand dagegen, als wolle sie ein bisschen Trost spenden. Trost für eine Wölfin auf der anderen Seite, eingesperrt auf engstem Raum, eine lebende Trophäe. Die polnische Biologin ist unterwegs in der Slowakei, nicht weit von ihrem Heimatort in den westlichen Beskiden entfernt. Sie geht zu Jägern, liest in Abschusslisten, prüft an die Wand genagelte Wolfsfelle. Für die 41-jährige Biologin eine frustrierende Reise. Immer wieder findet sie hier auch »ihre« Wölfe, Tiere, die sie aus den Beskiden kennt, die sie seit Jahren erforscht und die ins Nachbarland abwandern. Von 1995 bis 1999 war der Wolf auch in der Slowakei geschützt, durfte nicht geschossen werden – dann wurde der Beschluss wieder aufgehoben. Wie soll sie ihre Wölfe in Polen wirksam schützen, wenn immer wieder welche in der Slowakei ihr Leben lassen? »Wolfschutz muss länderübergreifend sein, sonst hat er keine Chance«, sagt die Expertin.

Seit Anfang der neunziger Jahre kümmert sie sich in Polen um alles in Sachen Wolf. Zu Hause in den Bergen der Beskiden folgt sie den Spuren wilder Wölfe, kennt ihre Wanderwege, ihre Schlafplätze, weiß, wo sie ihre Jungen großziehen. Nahezu alle Untersuchungen an polnischen Wölfen wurden zuvor in Nationalparks oder Naturschutzgebieten gemacht, in nur dünn vom Menschen besiedelten Gebieten. Die westlichen Beskiden dagegen sind eine Kulturlandschaft mit Feldern, Wiesen und Forsten, die Menschen halten ihr Vieh dort, bewirtschaften den Wald und leben im Winter auch vom Skitourismus. Wie passt sich der Wolf an solche Bedingungen an? Zu welchen Konflikten kommt es, wie kann man sie verhindern? Und wie kann man diese Erkenntnisse auf andere Regionen, in denen er vielleicht demnächst einwandert, übertragen?

Sabina geht es um angewandte Forschung, um das erfolgreiche Zusammenleben von Mensch und Wolf. Sie ist eine von Polens Umwelt-

Ein trauriger Anblick für Sabina Nowak: In einem Zwinger fristet die Wölfin bei einem slowakischen Jäger ein tristes Dasein.

83

Manchmal findet Sabina »ihre« Wölfe in der Slowakei als Trophäe an die Wand genagelt.

Wolf hinter Gittern. Am faszinierendsten sind Wölfe, wenn sie im Freiland leben können.

schützern der ersten Stunde, die sich in den achtziger Jahren zu wehren begannen gegen Naturzerstörung und Artenvernichtung. Die Frau mit den halblangen, dunkelblonden Haaren ist eine Kämpferin – zuerst für die Rettung der letzten Urwälder Polens, inzwischen seit über zehn Jahren für den Wolf. Die einstige Botanikerin gründete 1996 den Naturschutzverband WOLF (»WILK«). »Zu einem gesunden Wald gehören Raubtiere. Wer den Wald erhalten will, muss auch den Wolf erhalten«, sagt sie. Dass nur zwei Jahre, nachdem sie den Verband gegründet hat, der Wolf in ganz Polen geschützt wurde, ist auch ihrer zähen Beharrlichkeit, ihrem Engagement und ihrer Aufklärungsarbeit zu verdanken. Es gibt wohl keine Schule am Rande der Beskiden, in denen Sabina noch nicht gewesen ist. Sie erzählt den Kindern Geschichten vom wahren Wolf, zeigt ihnen, dass er ein ganz normales Tier und gar kein »Böser« ist. »Die Kinder von heute«, so ihre Philosophie, »bestimmen das Leben des Wolfes von morgen.« Sie führt Touristen in die Berge, zeigt ihnen Spuren von Wölfen und Luchsen im Schnee, veranstaltet Workshops für Jäger, Förster, Biologen und andere Interessenten, die

In den Beskiden leben noch relativ viele Wölfe. Doch Sabinas Seminarteilnehmer sehen meist nur Spuren.

lernen wollen, eine Wolfsfährte von einer Hundespur zu unterscheiden, Losung richtig zu erkennen.

Diese Wolf-Workshops sind eine ideale Gelegenheit für die Deutsche Gesa Kluth, mit der polnischen Kollegin zusammenzuarbeiten. Sie wirbt deutsche Teilnehmer an, fährt mit ihnen in die Beskiden, führt sie mit der Polin durch oft meterhohen Schnee, sucht nach Spuren, übersetzt, was Sabina von ihrer Arbeit erzählt. Je mehr Menschen zuverlässig Fährten erkennen können, desto mehr kundige Mithelfer haben die Biologinnen, wenn sie irgendwo Wolfsvorkommen erfassen wollen. Zudem beleben die Gäste das Geschäft für einige Privatzimmer-Vermieter. Den Menschen in der Region soll so gezeigt werden, dass die Wölfe ihnen gelegentlich ein kleines Zusatzeinkommen bescheren können.

Auch für Gesa und Sabina sind die Workshops eine Einnahmequelle, wenn auch nur eine sehr kleine. Geldmangel – diese Sorge teilt die Polin mit der Deutschen. Gern würde Sabina einigen Wölfen Sender anlegen, um sie verfolgen zu können, um zu wissen, welche Wege sie

86

nehmen, wo sie sich ansiedeln und wie sie geschützt werden müssen. WOLF lebt von Spenden und wird zudem von der Stiftung Europäisches Naturerbe EURONATUR unterstützt. Und dennoch fehlt es an allen Ecken und Kanten.

Vielleicht, so hoffen die beiden Biologinnen, gibt es nun eine Chance, finanzielle Unterstützung zu bekommen. Holger Vogt, der Journalist aus Hamburg, hatte da so eine Idee ...

Seit seiner ersten Fahrt nach Polen mit Gesa ist Holger klar: Wenn Deutschlands Wölfe sich irgendwann etablieren sollen, müssen vor allem die polnischen Tiere geschützt werden. Denn deutsche Wölfe sind polnische Wölfe. Es geht um länderübergreifenden Artenschutz – genau das Thema, das für den IFAW interessant ist, eine der größten Tierschutzorganisationen der Welt.

Vor drei Jahrzehnten schloss sich eine kleine Gruppe engagierter US-Bürger zusammen, um die massive und brutale Jagd auf Baby-Sattelrobben an der Ostküste von Kanada zu beenden. Über die Jahre ist aus dem kleinen Team von Aktivisten eine weltweit führende Tierschutzorganisation geworden, mit mehr als zweihundert Mitarbeitern in dreizehn Ländern und fast zwei Millionen Förderern.

Als typisch US-amerikanische Organisation arbeitet IFAW nach dem Prinzip, dass die Interessen von Tieren nicht von denen der Menschen zu trennen sind. Der Wolf und seine Situation in Polen und Deutschland, dessen Zukunft nahezu ausschließlich von Menschen bestimmt werden wird, passen genau in dieses Konzept. Holger kennt die Arbeitsweise und Ziele der Organisation aus erster Hand. Denn der Leiter des deutschen Büros ist zu diesem Zeitpunkt der Biologe Markus Risch – einer seiner besten Freunde.

»Holger hat mich auf Gesa und Sabina angesetzt, er hat den ganzen Stein ins Rollen gebracht«, erzählt Markus heute. Der Journalist sieht es etwas nüchterner: »Ich hab ganz einfach den Kontakt hergestellt.« Markus gelingt es, für das Thema bei seinen in- und ausländischen IFAW-Kollegen Interesse zu wecken. Er organisiert ein Treffen polnischer und deutscher Wolfexperten in den Beskiden, um dort gemeinsam zu beraten, was für den Schutz der westpolnischen Wölfe getan werden muss.

Das Treffen findet im Februar 2001 statt. Am runden Tisch eine Gruppe Wissenschaftler, darunter aus Deutschland der bekannte Wolfforscher Erik Zimen, aus Polen der Wolfexperte Henryk Okarma und natürlich Gesa und Sabina. Alle sind sich einig: Die geschätzte Zahl von über achthundert Wölfen in Polen ist überholt, sie ist viel zu hoch. Erste Ergebnisse der landesweiten Erfassung durch die Forstämter sind alarmierend. Vor allem in Westpolen, so scheint es, sieht es sehr kritisch

Seit über zehn Jahren kämpft Sabina Nowak für den Schutz der Wölfe in Polen.

Heulende Frauen. Mit solchen Animationen verlocken Experten Wölfe zur Antwort und zählen sie.

aus. Um die Wölfe dort wirksam zu schützen, muss man möglichst genau wissen, wie viele es sind und wo sie sich überhaupt befinden. Deshalb will der IFAW eine Erfassung beidseitig der Grenze finanzieren. Man diskutiert, zeigt einander Wolfsreviere und mögliche Wanderwege in Karten, rechnet, addiert und streicht ... Doch es ist beschlossene Sache – von nun an arbeiten Gesa und Sabina mit finanzieller Unterstützung des IFAW, eine Zusammenarbeit, die für beide Biologinnen bis heute andauert. Die erste Aufgabe: ein Wolfsmonitoring entlang der deutsch-polnischen Grenze. Auf gut Deutsch: nach Spuren suchen, Förster und Jäger befragen und ... heulen wie die Wölfe!

August 2001: Sabina und Gesa steigen in der Dämmerung auf zwei Feuerwachtürme nahe der Grenze, direkt gegenüber der Muskauer Heide. Die Polin übernimmt den ersten Part: Hell und durchdringend klingt ihre Stimme durch die Nacht. Die beiden Frauen lauschen ... nichts. Dann führt Gesa die Hände zum Mund, formt sie wie einen Trichter und heult. Sie lässt die Hände sinken, lauscht: nichts. Kein Wunder, denkt Uwe, der die ganze Szene filmt. Für seine Ohren klingt das so unecht, wie soll da ein Wolf drauf reinfallen? Doch die beiden Biologinnen wissen aus Erfahrung: Wölfe hören das offenbar anders, sie lassen sich relativ leicht zu einer Antwort animieren. Solche Heulaktionen gehören zum Standardrepertoire jedes Wolfsforschers. So lassen sich die Tiere nachweisen und sogar relativ gut zählen. Überall im umliegenden Wald haben sich junge Naturschützer beider Länder als Horchposten verteilt. Angestrengt lauscht Gesa in die Nacht, heult ein zweites Mal. Endlich – eine Antwort. Aus der Ferne steigt ein Heulton empor, schraubt sich klagend in die Höhe. Gesa und Sabrina halten den Atem an. Das Heulen geht in jammerndes Bellen über. Ein Dorfhund. Gesa lässt den Kopf hängen.

Den letzten Wolf habe er vor fünf Jahren hier an der Grenze gesehen, sagt der Oberförster von Ruszów, das müsse so 1996 gewesen sein. Sein Bezirk liegt im polnischen Teil Niederschlesiens, direkt gegenüber des Truppenübungsplatzes Oberlausitz, wo im selben Jahr zum ersten Mal ein Wolf gesehen worden ist. Ein abgekochter Schädel im Büro des Försters ist alles, was von einer Wölfin übrig geblieben ist. 1994 wurde sie geschossen, damals noch völlig legal. Auf dem Boden das Fell von einem jungen Rüden, erschossen im Jahr 1989. Sabina nimmt Haarproben, will sie untersuchen lassen. So wollen die Experten herausfinden, woher die niederschlesischen Wölfe stammen – aus den großen Waldgebieten im Nordosten Polens oder aus den Karpaten und ihren Ausläufern.

Die Beskiden sind eine Kulturlandschaft mit Ackerbau, Viehzucht und Tourismus. Trotzdem hat der Wolf hier seinen Platz.

*Deutscher Wolf, beim Mäuse-
sprung mit der Kamera
erwischt.*

Das Ergebnis der forstlichen Wolfszählung vom Winter liegt inzwischen vor. In Westpolen gibt es danach nur drei Rudel, nördlich von Posen und bei Mieszkowice, sonst bloß noch ein paar Hinweise auf einzelne Tiere. Auch Sabinas Vermutung, dass in den traditionellen Wolfgebieten in Süd- und Ostpolen viel weniger leben als angenommen, hat die Zählung bestätigt. Insgesamt sind es wohl statt achthundert nur noch etwa fünfhundertfünfzig Graue im ganzen Land, rund hundertzehn Rudel. Später wird Sabina herausfinden, dass selbst die Posener Rudel verschwunden sind. Dass es nur noch so wenige Wölfe in Westpolen gibt, mögen Gesa und Sabina nicht glauben.

Wahrscheinlich, so vermuten die beiden Expertinnen, ist das Rudel im Niederschlesischen Wald gegenüber der Muskauer Heide nach dem Abschuss der Wölfin 1994 zusammengebrochen. Das Ergebnis des von dem IFAW finanzierten Monitoring steht wenige Wochen später fest: Entlang der deutsch-polnischen Grenze kommen nur noch so wenige Wölfe vor, dass sie langfristig kaum eine Überlebenschance haben. Die Forstzählung aus dem Winter wurde damit bestätigt. Ein erschreckendes Ergebnis. Mindestens zwanzig bis dreißig reproduzierende Paare, so schätzen Wolfexperten weltweit, braucht eine Population, um langfristig überleben zu können.

Der westpolnische Bestand ist weit davon entfernt. Dabei ist Westpolen ein ideales Land für Wölfe, dünn besiedelt und mit weiten wildreichen Wäldern. Warum bleiben die Tiere nicht und breiten sich aus? Die Biologen kennen drei Antworten: die Schlingen von Wilderern, illegaler Abschuss und Straßen, die ihre Wanderwege und Reviere durchschneiden. An diesen Hebeln müssen beide gemeinsam ansetzen, Polen wie Deutsche.

Gesa ist von den Ergebnissen des Monitorings sehr enttäuscht, aber sie will sich nicht entmutigen lassen. Nicht jetzt, wo sie gerade erst auf ein deutsches Rudel gestoßen ist. Sie weiß: Auf diese Tiere kommt nun alles an – und auf die Menschen, die mit ihnen leben müssen. Seit ihrem ersten Besuch bei Bundesförster Rolf Röder verbringt die Biologin jede freie Minute auf dem Truppenübungsplatz. Sie hat die offizielle Genehmigung erhalten, das Militärgelände zu betreten, sucht nach Hinweisen, verfolgt Fährten, sammelt Losung.

Im Herbst, als die Tage deutlich kürzer werden, kommt auch Uwe Anders wieder in die Oberlausitz. Jetzt will er versuchen, die Wölfe vor die Kamera zu bekommen. Gesa hat Spuren gesehen, weiß, wo die Wölfe sich bewegen. Er bezieht Stellung auf einem Hochsitz an einer Brandschutzschneise, den die Biologin von da an schlicht »Uwekanzel« nennt. Der Filmer dort oben wird zu einem vertrauten Anblick. Denn er wird viele Tage dort oben sitzen – sehr viele Tage.

Oktober 2001: Zügig läuft der Wolf über den Sand, die Ohren gespitzt. Irgendwas interessiert ihn da am Rand der Schneise. Er zögert kurz und springt mit einem Satz in das hohe Gras. Sekundenlang verschwindet er aus Uwes Blickfeld, taucht ein in das graugelbe Gras, so graugelb wie er selbst. Nur die schwarzen Spitzen seiner Ohren luken hervor. Kurz läuft er wieder auf den Sand, dreht um, springt wieder ... und wieder. Erst später, als er die Aufnahmen anschaut, wird Uwe klar, was er da gefilmt hat: einen Wolf, der Mäuse fangen will. Er kennt dieses Verhalten von Füchsen. Sie laufen durchs Gras, bleiben stehen und lauschen mit hochgestellten Ohren auf jedes Rascheln am Boden. Haben sie etwas entdeckt, springen sie hoch, mit krummem Buckel, die Beine steif, und landen punktgenau auf der Maus. Aber das klappt nicht immer! Der Wolf vor Uwes Kamera hat nicht getroffen. Er trollt sich – ohne Maus.

Ein kurzes Stück kann Uwe ihn noch mit der Kamera verfolgen. Er läuft in der Autospur – Wölfe lieben es bequem. Dann biegt er ab nach links, verschwindet hinter Kiefern, taucht noch einmal kurz auf. Anschließend kann Uwe ihn nicht mehr sehen.

Hoch motiviert sitzt der Filmer danach noch viele Morgen und Abende auf dem Ansitz, in feuchter Novemberkälte und klirrender Dezemberkälte, die Pudelmütze tief über die Ohren gezogen, sogar am Weihnachtsabend. Insgesamt achtzigmal versucht er sein Glück. Er will noch mehr, noch bessere Bilder vom Wolf. Vor allem will er mit seinen Aufnahmen zeigen, was die Förster schon so lange wissen: dass auf dem Truppenübungsplatz ein ganzes Rudel lebt, nicht nur ein Einzelgänger.

Es gelingt ihm nicht. Uwe sieht keinen der grauen Räuber mehr. So endete der erste Film des Teams Vogt/Anders vom »bösen Wolf« in Deutschland mit wenigen Bildern von einem gewieften Opportunisten, der Mäuse jagt. Der deutsche Wolf – nichts als ein harmloser Mäusefänger? So wie es der kanadische Autor Farley Mowat 1963 in seinem Bestseller *Sommer mit Wölfen* beschrieb und damit ein Bild heraufbeschwor, das noch nach Jahrzehnten in den Köpfen mancher Wolffans spukt? Das Bild ist falsch. Der junge Wolf, den Tierfilmer Uwe Anders hier vor die Kamera bekommen hat, wird in nur wenigen Monaten sehr überzeugend zeigen: Er kann auch anders – ganz anders.

12. KAPITEL

DER TRUPPENÜBUNGSPLATZ –
EIN PLATZ FÜR WÖLFE

D er Wolf ist nicht trotz, sondern wegen des Militärbetriebes hier«, sagt Klaus-Peter Konefol, stellvertretender Kommandant des Truppenübungsplatzes Oberlausitz. Das klingt kaum vorstellbar. Da zerpflügen Panzer den Heideboden, reißen Handgranaten Krater in den Sand, durchschneiden breite Fahrschneisen den Kiefernforst, und es wird scharf geschossen. Mehrere tausend Soldaten üben hier in der Muskauer Heide alljährlich für den Ernstfall, robben durch die Landschaft, es kracht, dröhnt, wummert, schwere Fahrzeuge wühlen sich durch Wald und Heide. Schonungslose Zerstörung einer Naturlandschaft?

Seeadler auf hohen Bäumen brütend, Trauermäntel, die über Ginsterbüschen flattern, balzende Birkhähne in der Sandarena, brütende Wiedehopfe in Baumhöhlen, Raubwürger im dürren Kieferngeäst, rüttelnde Baumfalken über hummelumsummten Erikaflächen und nun auch noch ein ganzes Rudel Wölfe ergeben ein anderes Bild.

Zwei Drittel des insgesamt 16 300 Hektar großen Militärgeländes sind Kiefernforst, trockener Wirtschaftswald ohne viel Unterwuchs, wenig spektakulär. Und doch bietet das Gelände etwas, das anderswo im Lande selten geworden ist: Ruhe vor Störungen. Schilder rings um den Platz verweisen jeden Unbefugten hinter die Schranken, warnen vor Blindgängern. Wanderer, Beerenpflücker, Pilzsammler, Jogger, Fahrradfahrer, Herrchen und Hund auf Gassigang – sie müssen alle draußen bleiben.

Die Soldaten machen Lärm, und nicht gerade wenig. Doch der stört die Tiere kaum, sie haben ihn einzuschätzen gelernt. Sie kennen die Wege, die das Militär benutzt, ziehen sich in die Regionen zurück, in denen nicht geschossen wird. In einem Land wie Deutschland, in dem ein Fünftel der Fläche als versiegelt gilt, natürliche Lebensräume einer immer intensiveren Landwirtschaft weichen müssen oder zumindest durch Gift und Gülleeintrag von ihr beeinflusst werden, sind viele

Auf dem Truppenübungsplatz findet der Graue, was er braucht: Wild, Wald und ruhige Zonen.

Rollende Panzer und scharfe Geschütze machen den Wölfen keine Angst.

Truppenübungsplätze heute wertvolle Refugien für bedrohte Arten. Sie gehören zu den wenigen unzersiedelten und nicht von Straßen zerschnittenen Arealen.

Viele Menschen sehen in diesen Gebieten eine mit Bombentrichtern übersäte und von Panzerketten zerwühlte Landschaft. Ein Bild, das auf bestimmte Bereiche durchaus zutrifft. Einige Pflanzen, wie etwa die Heide, profitieren sogar davon – ohne die intensive Nutzung wäre sie längst Büschen und Bäumen gewichen. Das Entscheidende aber ist: Menschen halten sich auf einem Truppenübungsplatz nur zu bestimmten Zeiten auf und auch nur in bestimmten Regionen. Rings um die Kernbereiche erstrecken sich weite Pufferflächen als Sicherheitszonen, die das Militär nur äußerst selten nutzt. Etwa ein Viertel des Gebietes, flächenmäßig der viertgrößte Übungsplatz Deutschlands und der einzige in Sachsen, bleibt allein Wild und Forst vorbehalten. Hier baut sich der Seeadler Horste auf hohen Bäumen, von wo er alles im scharfen Blick hat, hier brütet der Wiedehopf, hier ruhen das Wild und auch der Wolf.

Nicht nur fehlender Freizeitbetrieb macht Truppenübungsplätze für

94

viele Tiere attraktiv. Auch die Jagd auf Reh, Rothirsch und Wildschwein läuft hier etwas anders ab als in den privat genutzten Revieren ringsum. Wer in Sachsen 75 Hektar Land besitzt, kann es verpachten und bejagen lassen. Wer weniger sein Eigen nennt, schließt sich mit anderen zu einer Jagdgenossenschaft zusammen und bildet so einen Jagdbezirk, der in Sachsen mindestens 150 Hektar groß sein muss. Er kann es selbst bejagen oder verpachten, Jagdgäste einladen und Begehungsscheine an Jäger ohne Pacht ausstellen. Viele private Reviere sind kaum größer als diese vorgeschriebenen Mindestgrößen. Doch 75 bzw. 150 Hektar sind für umherstreifende Wildtiere ein sehr kleines Areal, ihr Lebensraum erstreckt sich daher zwangsläufig über viele verschiedene Reviere. Eigentümer des Truppenübungsplatzes ist der Bund, das Gebiet daher ein Bundesforst. Auch dort stellen die Förster Begehungsscheine aus und laden Jagdgäste ein, doch sind die Reviere deutlich größer. Der östliche Teil des Truppenübungsplatzes Oberlausitz mit seinen 14 500 Hektar umfasst lediglich sieben Jagdreviere, eines ist also im Durchschnitt über zweitausend Hektar groß. Als Faustregel gilt: Auf privatem Jagdgelände kommt auf hundert Hektar ein Jäger, das heißt auf zweitausend Hektar kämen demzufolge zwanzig. Im Bundesforst sind es hingegen allenfalls drei bis fünf.

Auf gleicher Fläche jagen daher auf Privatland deutlich mehr Menschen als auf dem Truppenübungplatz, mehr Jäger fahren zu den Hochständen, sitzen an, fahren wieder weg, kommen am nächsten Tag wieder, versuchen erneut ihr Glück. Je kleiner ein Revier, desto schwieriger

Liebliche Bachlandschaften, blühende Heideflächen, Sanddünen und Sümpfe: Der Truppenübungsplatz hat mehr zu bieten als zerwühlte Erde.

Kraftwerk Boxberg, das größte Braunkohlekraftwerk der Welt. Die Wölfe stört es nicht.

ist es für gewöhnlich, den vorgesehenen Abschussplan zu erfüllen. Denn das Wild kann viele Tage genau auf dieser Wiese, in diesem Wäldchen einfach ausbleiben. Der Jäger muss wieder und wieder kommen und sorgt zwangsläufig für mehr Unruhe. Es wird übers Jahr auf gleicher Fläche von den Privatjägern zwar nicht mehr geschossen, aber es herrscht schlichtweg ein höherer Jagdverkehr. Das wirkt sich auf Reh, Rothirsch und Wildsau aus. Den schießenden Soldaten fürchtet das Wild nicht, den schießenden Jäger sehr. Eine gewisse Vorliebe für den Truppenübungsplatz mit seinem zwangsläufig ruhigeren Jagdgeschehen bleibt da nicht aus. Und wo Wild ist, gefällt es dem Wolf.

Soldaten und Förster schützten einst beide adligen Besitz und Herrschaftswild vor der »reißenden Bestie« und stellten dem Grauen so gründlich nach, dass er aus Deutschland verschwand. Heute arbeiten sie Hand in Hand für seinen Schutz, schaffen ihm ein Revier, in dem er sich wohl zu fühlen scheint. »Der Wolf ist ein Indiz dafür«, sagt der stellvertretende Kommandant Konefol, »dass sich Militärbetrieb und Artenschutz nicht ausschließen.« Er freut sich wie die meisten Soldaten

96

auf dem Übungsplatz über die Wölfe, nicht aber über den »Wolf-tourismus«. So nennt Konefol den Medienrummel rund um die Neu-bürger. Fernsehreporter, Magazinjournalisten, Fotografen, Buchautoren, sie alle wollen auf den Truppenübungsplatz, wollen Spuren sehen, den Biologinnen und Förstern bei der Arbeit zuschauen und am liebsten auch einen Wolf zu Gesicht bekommen. Konefol sieht darin eine Ge-fahr, nicht nur für die Tiere, sondern auch für die Fremden auf dem Platz. »Ein Truppenübungsplatz ist keine Spielwiese«, meint er. Blind-gänger können explodieren, Geschütze einen Besucher treffen, der sich in einer Region aufhält, wo er nicht vermutet wird. Jeder Gast, der den Platz betreten will, muss sich bei der Wehrbereichsverwaltung anmel-den. Dort wird entschieden, ob er rein darf oder draußen bleiben muss. »Der Truppenübungsplatz muss tabu bleiben. Zum Schutz der Men-schen und der Tiere. Aber wenn Menschen der Wölfe wegen kommen, sind sie herzlich willkommen«, sagt Konefol. »Wir brauchen hier jeden Touristen.«

Ein Alleinstellungsmerkmal – so nennen Fachleute aus der Touris-musbranche den Wolf. Will heißen: Hier in der Oberlausitz ist er und sonst nirgendwo in Deutschland, das unterscheidet die Region im äußers-ten Nordosten Sachsens von jeder anderen der Republik. Man setzt auf den grauen Vierbeiner, hofft, dass er Besucher ins Land lockt. »Wir soll-ten die Rückkehr der Wölfe für die touristische und wirtschaftliche Ent-wicklung Sachsens nutzen«, sagte der sächsische Umweltminister Steffen Flath im März 2002. Seiner Hoffnung begegnen viele Lausitzer

Oberlausitzer Heide- und Teichlandschaft, ein Eldorado für Wasservögel und Amphi-bien.

Riesige Krater reißt der Tagebau in die Landschaft. Noch immer müssen Dörfer dem Bagger weichen.

mit Skepsis. »Wie stelle man sich denn das bitte vor?«, fragt später auch der Präsident des Landesjagdverbandes Sachsens Günter Giese in einer Diskussionsrunde des MDR, dem »Dresdner Gespräch«. Den Menschen in den Neuen Bundesländern sind schon einmal blühende Landschaften versprochen worden. Heute liegt die Arbeitslosigkeit in der Region um die zwanzig Prozent. Es wandern deshalb so viele ab, dass nach jetzigen Prognosen Ende 2005 im Niederschlesischen Oberlausitzkreis weniger als hunderttausend Menschen leben werden. Von den Wölfen versprechen sich viele Bürger keine Wende. Ein Tier, das kaum jemand einmal sieht, wird keinen Touristenboom auslösen, glauben sie.

Doch Ute Thielsch von der Natur- und Tourismusinformation im »Erlichthof« am Rande des Truppenübungsplatzes beobachtet durchaus ein großes Interesse der Besucher, manchmal entwickeln sich sogar in ihrem kleinen Verkaufs- und Informationsraum heftige Diskussionen zu dem kontroversen Thema. Eine Wolfsausstellung, aufgebaut von der »Gesellschaft zum Schutz der Wölfe«, klärt in der benachbarten »Theaterscheune« über die polnischen Einwanderer auf. Bücher,

Kalender, CDs mit Wolfsgeheul, Isegrim als Minifigur, Wolfsmünzen und sogar ein eigens kreierter Johannislikör namens »Wolfsheuler« lassen sich in der kleinen Siedlung aus denkmalgeschützten Schrotholzhäusern am Ortsrand von Rietschen gut verkaufen. Ein »Wolfsweg« — eine Radwanderroute mit Infotafeln über den grauen Räuber — wird gerade angelegt, unterstützt von der Tierschutzorganisation IFAW. Ein gut ausgebautes Radwandernetz ist das Pfund, mit dem diese Region wuchern kann. Es führt durch die Kiefernwälder und Erlenbrüche der Muskauer Heide, durch blühende Wiesen entlang der Spree und vorbei an nach der Eiszeit aufgewehten Dünen, die größer sind als an der Ostsee. Südlich an die Muskauer Heide schließt sich die weite »Oberlausitzer Heide- und Teichlandschaft« an. In dem einzigen Biosphärenreservat Sachsens — ein Eldorado für Wasservögel, Amphibien und Libellen — züchten die Fischer seit Generationen den »Lausitzer Karpfen«. Seinen Namen hat das Wolfsrevier von der Stadt Bad Muskau, bekannt durch den von Fürst Pückler angelegten Park. Schon 1429 gab es hier eine Brücke über die Neiße, der Name der alten Stadt leitet sich wahrscheinlich von dem sorbischen Wort Muscowe ab, Brückenort. Die Sorben — ein slawisches Volk und eine von vier anerkannten Minderheiten in Deutschland — haben in der Oberlausitz seit Jahrhunderten ihre Heimat. Vor allem in den ländlichen Regionen prägen sie das gesellschaftliche Leben noch immer. In manchen Orten wird überwiegend Sorbisch gesprochen. Neben den zweisprachigen Straßenschildern fallen die Trachten am meisten ins Auge, die zumindest an

Die anderswo so seltenen Laubfrösche leben in der Teichlandschaft der Oberlausitz zu tausenden.

Festtagen noch oft getragen werden. An der Kleidung einer Sorbin kann ein Eingeweihter zum Beispiel erkennen, ob die Dame schon vergeben ist oder noch den Mann fürs Leben sucht. Viele deutsche Wörter haben ihren Ursprung im Sorbischen, so etwa Quark, viele Städte ihren Namen von diesem slawischen Volk: Dresden heißt »sumpfiger Ort«, Gera »der Berg«, Leipzig »wo die Linden wachsen« und Berlin wahrscheinlich »Morast«. Auch die Lausitz verdankt ihnen ihre Bezeichnung: Luzica heißt schlicht Sumpfland.

Seit der Ankunft der Sorben im sechsten Jahrhundert hat sich das Land sehr stark verändert, am dramatischsten in den letzten hundert Jahren durch den Braunkohletagebau. Ganze geologische Schichten werden der Erde entnommen, Flüsse umgeleitet, Wälder, Wiesen, Felder und ganze Dörfer verschwinden. Dazu kommen breite Schneisen für Hochspannungsleitungen, Strecken der Grubenbahnen und technische Bauwerke. Ist die Braunkohle abgebaut, bleibt eine triste Mondlandschaft zurück mit gähnenden Kratern wie offene Wunden. Die Kuhlen füllen sich schon bald mit Wasser, nach und nach entstehen Schilfgürtel, Uferpflanzen siedeln sich an. Mancherorts werden auf den Hochhalden neue Bodenschichten aufgeschüttet und mit Wald bepflanzt. Nach Jahren erkennt der Fremde oft nicht mehr, wo zuvor ein Tagebau war. Doch die einstige Landschaft ist für immer verloren. Und der Prozess dauert an: Der Tagebau Nochten wird nach jetziger Planung im Jahr 2017 den Ort Trebendorf bei Weißwasser erreichen. Etwa hundert Anwesen sollen dem Bergbau weichen, rund zweihundertvierzig von derzeit zirka tausendeinhundert Einwohnern umziehen.

Die Wölfe der Muskauer Heide stören sich nicht an diesen Landschaftsumbauten. Sie haben einen Teil des Tagebaus Nochten ganz selbstverständlich in ihr Streifgebiet mit aufgenommen und laufen manchmal direkt am Kraftwerk Boxberg vorbei, mit seinen über dreihundert Meter hohen Schornsteinen das größte Braunkohlekraftwerk der Welt. Sie kommen vom Truppenübungsplatz oder kehren dorthin zurück – in ein Gebiet, wo scharf geschossen wird. Wölfe brauchen eben keine Wildnis.

Seeadler sind ein vertrauter Anblick auf dem Truppenübungsplatz.

Das Heidekraut profitiert vom Militärbetrieb, der Baum und Strauch in Schach hält.

13. KAPITEL

AUF DEN FÄHRTEN GROSSER TIERE

Berlin im Herbst 2001: Kilometer weit weg von Truppenübungsplatz und Wölfen sitzt in Berlin Mitte eine sportliche kleine Frau in einem Programmierbüro und wäre gern ganz woanders, irgendwo in Wiesen und Wäldern, Wildtieren auf der Spur. Stattdessen schreibt sie Computerprogramme. Hab ich dafür Biologie studiert?, fragt sich die 35-jährige Mecklenburgerin. Aber von irgendwas muss man leben, seine Krankenversicherung zahlen, sich was zu essen kaufen, Miete bezahlen. Also macht sie weiter, geht jeden Tag in das kleine Programmierbüro. Einmal, erinnert sie sich, hat ihr die Arbeit am Computer allerdings Spaß gemacht. Das war, als sie zum Abschluss ihrer Umschulung zur Programmiererin die Prüfungsarbeit fertig stellte. Das Thema hatte sie selbst gewählt: eine Webseite über Wölfe in Brandenburg. Sie recherchierte alle Daten und Fakten über die grauen Einwanderer, die nach dem Zweiten Weltkrieg über die Grenze gekommen waren.

Schon im Alter von vier Jahren wusste sie, dass sie später mit wilden Tieren arbeiten will. Als sie 23 Jahre alt ist, will sie es noch immer. Die Mauer zwischen Ost- und Westdeutschland ist gefallen, sie darf endlich reisen, wohin sie will. Ilka kratzt ihr ganzes Erspartes zusammen und fliegt in die Serengeti, sieht Elefanten, Löwen, Hyänen am Fuße des Kilimandscharo. »Ich war völlig begeistert von Afrika und bin gar nicht auf die Idee gekommen, dass man auch in Europa wilde Tiere erforschen kann, so dicht besiedelt, wie es hier ist.«

Doch dann lernt sie während ihres Biologiestudiums in München Wissenschaftler kennen, die in Slowenien an Luchsen und Bären forschen. »Das war genau das, was ich wollte«, sagt sie. Sie ist zu jeder Art Arbeit bereit, Hauptsache, man setzt sie in einem Forschungsprojekt ein. Sie beginnt mit Bürojobs, doch später folgt sie in jeden Semesterferien Bären mit einer Peilantenne, beendet schließlich ihr Studium mit einer Forschungsarbeit über Luchse. »Bei dieser Arbeit ging es viel um Konflikte zwischen Menschen und Raubtieren, um Vorsorge und

Der »niedliche Petz« kann recht ungemütlich werden. Er ist für Menschen deutlich gefährlicher als Wölfe.

Bevor sie auf den Wolf kam, war Ilka Reinhardt Bären und Dachsen auf der Spur.

Aufklärung. Dieser praktische Aspekt hat mich gereizt, man kann damit wirklich etwas bewirken.«

Nach dem Studium bekommt die Wildbiologin ein Angebot, in der Schweiz über Dachse zu arbeiten. Und wieder folgt sie Tieren durch nächtliche Wälder, lauscht stundenlang auf das gleichmäßige Piepen aus dem Empfänger, das mal lauter, mal leiser, mal schneller, mal langsamer ertönt.

»Viele denken, Telemetrieren von Tieren wäre ein Traumjob. Die Daten, die man dadurch gewinnt, sind auch spannend. Aber die Arbeit als solche ist sehr anstrengend und oft auch eintönig. Es ist eine wirkliche Fleißarbeit«, erzählt sie.

Ilka würde gern nach Slowenien zurückkehren, dort ihre Doktorarbeit machen, aber sämtliche Anträge auf Finanzierung werden abgelehnt. Sie reist nach Kanada, besucht einen Wolfforscher im Nordwesten, hofft, dort bei dessen Projekt über Wölfe und Bisons mitwirken zu können. Aber auch hier kommt die Zusammenarbeit nicht zustande.

Ilka lässt sich schließlich zur Programmiererin ausbilden, um Geld zu verdienen. Aber sie hält den Kontakt zu den Wildbiologen in der Schweiz, in Slowenien und Kanada. Die Arbeit am Computer soll nur ein Lückenfüller sein, so bald wie möglich will sie wieder mit Wildtieren arbeiten, das steht für Ilka fest. Inzwischen ist ihr längst bekannt, dass immer wieder Wölfe nach Ostdeutschland kommen, sie erfährt von deren meist traurigem Schicksal und weiß von dem Managementplan für Wölfe, den das Land Brandenburg hat ausarbeiten lassen. »Ich hab mir gedacht, das ist doch völlig verrückt. Da geht man ins Ausland, um an Dachsen oder Luchsen zu arbeiten, dabei haben wir hier die Wölfe vor der Haustür«, erzählt Ilka. Gern würde sie Daten und Hinweise über die Einwanderer sammeln, das machen, was die Amerikaner »Wolfsmonitoring« nennen. Doch ihre Anfrage beim Land Brandenburg stößt auf kein Interesse. Wölfe? Keine da, kein Bedarf.

Ilka beginnt, auf eigene Faust zu recherchieren, und verwendet die Daten für ihre Prüfungsarbeit als Programmiererin. »Kennst du eigentlich eine Gesa Kluth?«, fragt sie im Herbst 2001 ein befreundeter Wildbiologe. Nein, sie hat den Namen nie gehört. Wie? Da soll es eine junge Frau geben, die sich mit genau den gleichen Fragen beschäftigt wie sie? Die sogar extra deswegen in die Schorfheide gezogen ist, ganz in ihre Nähe? »Ich war völlig baff«, sagt Ilka.

Wenige Tage später ruft Gesa, von dem Bekannten informiert, bei ihr an. Die beiden Frauen treffen sich, reden bis tief in die Nacht. Sie haben die gleiche Vision: den Wölfen, die aus Polen nach Deutschland kommen werden, den Weg zu ebnen. Dafür zu sorgen, dass sie bleiben können. Ilka und Gesa spüren, dass sie miteinander harmonieren.

»Wir haben schnell gemerkt, das läuft! Wir sind sehr unterschiedlich, aber wir ergänzen uns gut.« Sie beschließen, zusammenzuarbeiten. Sie tauschen ihre Daten und Erfahrungen aus, suchen im Winter 2001/ 2002 gemeinsam in Brandenburg und Mecklenburg-Vorpommern nach Spuren, gehen Hinweisen nach. Und sie fahren zu zweit nach Polen zu ihrer polnischen Kollegin Sabina Nowak, stapfen durch den tiefen Schnee Wolfsspuren hinterher. Die Polin bestärkt die beiden Deutschen: »Ihr müsst unbedingt zusammenarbeiten.«

Doch noch ist nicht genügend Geld für zwei engagierte Biologinnen da. Und noch kehrt Ilka nach jedem Ausflug zu Gesa nach Berlin in das Programmierbüro zurück. Am 2. Mai aber bleibt sie weg, nimmt ganz plötzlich unbezahlten Urlaub. Ganz früh am Morgen hat das Telefon geklingelt. Gesa sagt: »Ilka, du musst sofort nach Sachsen kommen. Hier ist die Hölle los. Die Wölfe haben Schafe gerissen.«

14. KAPITEL

DER ERFOLG DER VIERERBANDE

Ende April 2002: Die junge Wölfin steht auf, gähnt und dehnt sich so ausgiebig, dass sich ihr Rückgrat nach unten biegt. Das Hinterteil ist in die Höhe gereckt, der Kopf tief über den eingeknickten Vorderläufen. Die Sonne ist vor gut einer halben Stunde hinter den mit Heidegestrüpp bewachsenen Hügeln untergegangen, der angrenzende Kieferwald steht schwarz vor dem dämmrigen Himmel. Der klare, klagende Gesang der Heidelerche erfüllt die anbrechende Nacht. Dann mischt sich noch ein anderer Ton darunter, leise zuerst, dann anschwellend, lang gezogen: Mit hochgerecktem Kopf heult die junge Wölfin, macht ihren Standpunkt deutlich, ruft ihre Brüder, die wie sie im Schutz des Kieferngestrüpps den Tag verschlafen haben.

Drei dunkle Schatten kommen heran, stimmen ein zu einem Quartett. Nachdem der letzte Ton verklungen ist, lauscht die Wölfin – keine Antwort. Sie sind schon zu weit weg von den Eltern, mehr als zwanzig Kilometer. In den ersten Wochen, nachdem sie sich auf den Weg gemacht hatten, fort von den Alten und dem Truppenübungsplatz Muskauer Heide, wo sie geboren und aufgewachsen sind, hatten sie einander noch gehört. Dann hatte der Vater manchmal geantwortet, und gelegentlich hatte die Wölfin auch die Stimmen ihrer jüngeren Geschwister erkannt – die Jungen, deren Babysitter sie war, und die nun bald die Babysitter für die diesjährigen Welpen werden, für den dritten Wurf von Muskau.

Im Mai des Jahres 2000 geboren, ist die Wölfin jetzt, Ende April 2002, fast zwei Jahre alt. Es wird Zeit für sie, sich von den Eltern zu lösen und für eigenen Nachwuchs zu sorgen. Zu viert waren die Geschwister vor einigen Wochen losgezogen. Nicht jeder für sich, wie es viele andere Jungwölfe tun und wie es in der Fachliteratur beschrieben steht. Wölfe als intelligente Tiere halten sich nicht immer an Regeln. Sie sind sozial und doch Individualisten. Sie entscheiden je nach Situation. Und so hatten die Geschwister entschieden, gemeinsam auszuziehen.

Sie waren gen Westen gelaufen, hatten die B156 von Boxberg nach Weißwasser überquert und den Kanal über die kleine Brücke, das riesige Braunkohlekraftwerk lag dabei schräg zu ihrer Linken. Die zierlichen Pfoten der Wölfin hinterließen deutliche Abdrücke in dem feinen Sand jenseits der Straße. Es ging entlang des Tagebaus Nochten, den großen Förderkran schräg zu ihrer Rechten. Wieder über eine Straße, dann entlang der Spree Richtung Neustadt. Hier gefiel es ihnen, hier blieben sie vorerst. Mal streiften sie auf dem westlichen, jenseits des Kraftwerkes gelegenen Teil des Truppenübungsplatzes umher, mal auch in den angrenzenden Wäldern und Wiesen entlang der Spree, östlich des kleinen Örtchens Neustadt.

Auch an diesem Aprilabend sind die jungen Wölfe in der Nähe von Neustadt unterwegs. Sie verlassen den Truppenübungsplatz, überqueren die Felder und Wiesen nördlich davon, durchschwimmen die Spree in der Nähe von Ruhlmühle, umrunden das nordwestliche Ende des Tagesbaus, laufen durch den »Canyon« der Lausitz, einen tiefen Graben auf der ehemaligen Abraumhalde. Einmal stöbert einer der jungen

Die Arbeit ruft. Tagsüber ruhen Wölfe meist und gehen nachts auf Jagd, eine Anpassung an den Menschen.

Die Hatz beginnt. Wölfe jagen ihre Beute meist nur wenige hundert Meter.

Rüden einen Hasen auf, hetzt ihm kurz hinterher, gibt auf. Ein anderer springt zweimal mit gekrümmtem Rücken nach Mäusen – erfolglos. Ein solcher Mäusesprung hatte ihn vor wenigen Wochen auf einen Schlag landesweit berühmt gemacht. Tierfilmer Uwe Anders hatte ihn in einer warmen Oktobernacht 2001 im Revier seiner Eltern gefilmt, und am 1. April 2002 sahen ihn knapp zwei Millionen Zuschauer im Fernsehen springen.

Damals, im Oktober 2001, war er anderthalb Jahre alt gewesen, seit langem schon so groß wie seine Eltern und äußerlich kaum noch von ihnen zu unterscheiden. Doch erst wenige Wochen vor dem Schnappschuss des Tierfilmers war dem Star bei einem jungen Reh ein erster Beuteriss gelungen. Zuvor waren er, die junge Wölfin und die anderen nur Mitläufer auf der Jagd gewesen, ihre Eltern hatten den entscheidenden Sprung an die Kehle des Opfers ausführen, es niederreißen und ersticken müssen.

Auch jetzt, ein halbes Jahr später, sind die Vier noch lange nicht so geschickt wie ihre Eltern drüben in der Muskauer Heide. Sie jagen zusammen, das ist ihr Vorteil, besonders für die Wölfin, die mit Abstand die kleinste der Geschwister ist. Auch als inzwischen Erwachsene ist sie im Vergleich zu anderen weiblichen Wölfen auffallend zierlich und wiegt kaum fünfundzwanzig Kilogramm. Noch so manche Jagd bleibt ohne Erfolg, noch an so manchem Morgen kehren die Jungwölfe hungrig zurück.

Gegen Mitternacht sind die Mägen der Vier noch immer leer. Sie haben die schmalen Schienen einer stillgelegten Kohlebahn überquert, sind in einem weiten Bogen durch den Wald von Weißwasser gelaufen und nähern sich dem Dorf Mühlrose nun von Nordosten her. Sie wollen zurück auf den Truppenübungsplatz bei Neustadt, müssen dafür aus dem Forst heraus und Weideland überqueren.

Am Waldrand bleibt die Wölfin plötzlich stehen, hält die Nase in den Wind. Es riecht nach Tier. Der Geruch ist anders als sonst, nicht moschusschwer wie bei Hirschen, nicht beißend wie bei Wildschweinen. Aber er ist interessant, verspricht Beute. Sie läuft schräg über die Wiese, dem Wind entgegen. Ihre drei Brüder folgen ihr auf den Fersen.

Dann sieht sie die Tiere mit dem interessanten Geruch, schemenhaft, grauweiß, auf einer Weide direkt am Waldrand. Es sind viele, sehr viele. Sie liegen oder stehen, bewegen sich langsam grasend vorwärts. Noch haben sie das Rudel nicht bemerkt, noch laufen sie nicht weg. Eine einmalige Gelegenheit – so viele auf einem Haufen und so unaufmerksam. Doch die Wölfin stoppt, schreckt zurück. Vor ihrer Schnauze taucht ein Netz mit Drähten auf, so dünn, dass sie es eher spürt als sieht. Sie hat Angst. Zögernd kommt sie wieder näher ... weicht erneut zurück.

Die Wölfin streicht an dem mit Strom versorgten Netzzaun entlang, sucht eine Lücke – und findet sie. An einer Stelle ist das Netz herabgetreten, die Erde zerwühlt, der Eintritt frei. Wildschweine haben sich wenige Stunden zuvor einen Weg gebahnt, unempfindlich gegen die 3000 Volt, die ihnen kaum durch die dicke Schwarte dringen. Jetzt erst bemerken die Schafe den Eindringling, erkennen instinktiv den Wolf, den Feind ihrer Urahnen. Sie rennen hin und her, ballen sich zu einem großen Haufen zusammen, suchen Schutz. Die Wölfin stutzt einen winzig kleinen Moment ... die Tiere vor ihr flüchten nicht in langen Sätzen, wie sie es von Rehen oder Hirschen kennt. Der Fluchttrieb ihrer wilden Vorfahren ist ihnen über die Jahrhunderte weggezüchtet worden. Der einzige Schutz, den diese Tiere kennen, ist die Nähe ihresgleichen. In ihrer Panik rennen die Schafe immer im Kreis, erkennen die Lücke im Zaun nicht als lebensrettende Chance. Hinter dem Netz liegt unbekanntes Terrain, furchteinflößend für die Haustiere, die in ihrem Leben nur den Stall und die Koppel kennen gelernt haben.

Die Wölfin rennt auf sie zu, die Schafe ballen sich noch enger zusammen, ein sich drehender Haufen Tierleiber. Die Brüder sind an der Seite ihrer kleinen Schwester. Dann zögert sie nicht mehr. Mit zwei langen Sätzen springt sie dem Schaf, das ihr am nächsten ist, an die Kehle. Fest zubeißen, herunterziehen, halten – so lange, bis das Tier nicht mehr zappelt, sich nicht mehr wehrt. Sie sieht, wie einer ihrer Brüder einem zweiten Schaf an die Kehle springt, hört das erstickte Blöken eines Dritten ...

Eine Viererbande auf Jagd. Meist sind nur ein oder zwei Tiere erfahrene Jäger, der Rest junge Mitläufer.

Die Schafe rennen hin und her, versuchen sich in der Masse zu schützen, jedes Tier drängt in das Innere des Knäuels, bloß nicht außen bleiben, bloß nicht das nächste Opfer sein. Einige rennen in das Netz, prallen zurück vom Elektroschock, der durch ihren Körper zieht, rennen wieder hinein, verfangen sich in den Maschen.

Die Wölfin hat das Schaf sicher und geschickt getötet, ihr erstes Schaf. Sie ist hungrig, will fressen, doch vor ihr rennt es, zappelt es, blökt es, es sind so viele Schafe, so viele Beutetiere, und sie sind alle noch da, keines flüchtet, rennt weg, sie laufen immer wieder direkt vor ihrer Nase vorbei. Sie springt dem nächsten an die Kehle, beißt zu, zieht es herunter, hält fest … und springt, beißt zu, zieht ein weiteres herunter, hält fest … und springt ….

Später werden die Journalisten vom Blutrausch schreiben, von maßloser Gier blutrünstiger Bestien. Und doch ist es nur das Erbe ihrer Urahnen, das die Wölfin und ihre Brüder so handeln lässt: Mache Beute so viel und so lange du kannst, sorge vor für schlechte Zeiten. Wer weiß, was morgen, was übermorgen ist – heute ist die Gelegenheit, heute ist sie so günstig wie vielleicht nie wieder.

Als die Wolkendecke eine Stunde später für einen kurzen Moment aufreißt, beleuchtet der Mond eine grausige Szene: Fünfzehn Schafe liegen verstreut auf der Weide, mit durchgebissener Kehle und starrem Blick. Eines ist bis auf wenige Reste aufgefressen, hastig verschlungen von vier hungrigen Jungwölfen. Ein anderes ist halb vergraben, verrät Vorratswirtschaft für härtere Zeiten. Einige andere sind angefressen, die meisten bis auf den Todesbiss unberührt. Drei weitere sind schwer verletzt. Der Elektrozaun ist an vielen Stellen niedergerissen. Neun Schafe bleiben später für den Schäfer verschwunden. Niemand findet mehr ihre Spur oder Überreste.

Als es dämmert, sind die Wölfin und ihre Brüder auf dem Heimweg zurück in den westlichen Teil des Truppenübungsplatzes. Sie wissen nicht, dass sie durch diese Nacht für einige Menschen zu Bestien werden. Sie haben nichts anderes getan, als sich in einer unnatürlichen Situation natürlich zu verhalten. Im Urwald, in der Taiga oder Tundra, in von Menschen unberührten Revieren, gibt es keine Elektrozäune. Da laufen die Beutetiere weg, sobald eines angegriffen wird. Da rennt kein Elch, kein Rentier oder Rothirsch immer wieder vor der Schnauze seiner Todfeinde hin und her. Wer nicht flüchtet, ist alt oder krank. Da heißt es Beute machen, so schnell und so viel wie es geht – und fast nie sind das mehr als ein, vielleicht auch mal zwei Tiere.

Die vier Wölfe sind satt. Sie hatten Erfolg, so viel Erfolg wie noch nie. Und sie werden das machen, was intelligente Tiere tun, die aus ihren Erfahrungen lernen: Sie werden wiederkommen.

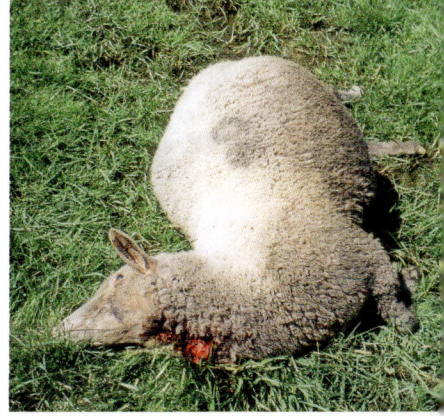

Ein Schaf fast aufgefressen, vierzehn weitere mit durchgebissener Kehle: Bilanz eines Beutezugs.

15. KAPITEL

KEINE PANIK!

Mai 2002: Schäfer Frank Neumann hat viele schlaflose Nächte. Und nicht nur er. Abwechselnd wachen Sohn René, Jagdpächter sowie Jäger der Jagdgenossenschaft Mühlrose und, so oft sie können, auch die Biologinnen Gesa Kluth und Ilka Reinhardt über die Schafe auf Neumanns Weide. Sie alle haben nur ein Ziel: dass die Wölfe nicht noch mehr Schafe reißen. Jeden Abend fahren sie hinaus zu der Weide an der Braunkohlegrube, jede Nacht haben sie die Schafe im Blick, jede Nacht sitzen Jäger mit offizieller Erlaubnis auf der Kanzel mit Gummigeschossen zur Hand, um den Wölfen ein für allemal klarzumachen: Schafe tun weh!

Tagsüber wandern die Grauen durch die Medien. Als Schreckgespenster und blutrünstige Bestien. Aber auch als das, was sie sind: Raubtiere, die sich von Huftieren ernähren und sich angesichts der Situation ganz natürlich verhalten haben. Bei weitem nicht alle Zeitungen, nicht alle Berichte verzerren das Bild. »Doch es reicht schon, wenn einige es tun«, sagt Gesa. »Dann werden all die alten Ängste bei den Menschen wieder wach, dann haben wir es noch viel schwerer als ohnehin schon, das Bild vom bösen Wolf in den Köpfen der Menschen zu tilgen.« Zur Himmelfahrtsfeier in Mühlrose sind die Wölfe das beherrschende Gesprächsthema. Stimmen werden laut, sie allesamt abzuschießen, Stimmen, die von verzerrter Berichterstattung gut geölt werden. Gesa und Ilka bangen in diesen Tagen sehr um die Akzeptanz der Wölfe in der Lausitz.

Nur knapp zwei Wochen später erreicht Gesa, die das Wochenende in der Schorfheide verbringt, die nächste Hiobsbotschaft. »Die Wölfe haben schon wieder Schafe gerissen! Irgendwo bei Bautzen«, berichtet Rolf Röder. Gesa fällt fast das Handy aus der Hand – und danach lässt sie es für Stunden nicht mehr los. Über die verschiedensten Ämter versucht sie herauszufinden, wo genau das Unglück passiert ist. Denn Genaueres kann ihr der Bundesförster nicht sagen, nur vage hat ihn die

Polizei informiert. Seiner Bitte, sich direkt an Gesa Kluth zu wenden, kommen die Beamten nicht nach. Erst am späten Nachmittag erfährt Gesa vom Staatlichen Umweltfachamt Bautzen, dass vier Schafe in Weißenberg getötet worden sind. Schafhalter André Kolpe hat die Polizei alarmiert, für die Beamten scheint der Fall klar: Die Täter sind wieder die Wölfe.

Die Kunde verbreitet sich wie ein Lauffeuer in der Region. Erst abends um neun Uhr kommen Gesa und Ilka in Weißenberg an, bei strömendem Regen. Doch Kolpe hat umsichtig gehandelt, hat die Pfotenabdrücke mit Eimern abgedeckt. Den beiden Expertinnen fällt schnell auf, dass vorschnell Unschuldige verurteilt worden sind. Nacken und Hals der Schafe sind zerrissen, ihre Gesichter zerbissen, der für den Wolf typische saubere Kehlbiss fehlt – und die Pfotenabdrücke erinnern stark an einen Hund. Zwei Doggen, so erfahren die Biologinnen später, sind in jenen Tagen aus einem Zwinger ausgebrochen und durch die Dörfer gestreunt. Der eindeutige Beweis bleibt aus, doch alle Indizien sprechen für diese beiden Hunde als die wahren Täter.

Der Fall zeigt allen Beteiligten, wie wichtig ein gesteuerter Informationsfluss ist und wie rasch vorschnell geurteilt wird: einmal Wölfe, immer Wölfe!

Artenschutzreferent Michael Gruschwitz veranlasst im Auftrag des Sächsischen Umweltministeriums alles, um einer möglichen Panik entgegenzutreten. Schon wenige Tage nach den Schafsangriffen kommen Vertreter der Landwirtschafts- und Umweltämter, des Schafzuchtverbandes, der Gesellschaft zum Schutz der Wölfe und ein Amtstierarzt zusammen, um sich auszutauschen. Betroffene Schäfer sollen zukünftig mit ihrem Anliegen schnell an die richtigen Personen vermittelt werden, müssen wissen, an wen sie sich im Schadensfall wenden können. Gesa Kluth wird als eine von zwei Gutachtern benannt und soll ein Wolfmonitoring einleiten: Von nun an wird sie im Auftrag des Sächsischen Umweltministeriums sämtliche Meldungen von Jägern und Förstern sammeln, selber nach Spuren suchen und so die Bewegungen der Wölfe so weit wie möglich rekonstruieren. Das Hauptziel dabei: die Schäfer rechtzeitig zu warnen und Vorsorge zu treffen.

Gesas Handy klingelt in diesen Tagen fast ununterbrochen. Journalisten aus der ganzen Bundesrepublik wollen über den Vorfall in Mühlrose berichten. In wenigen Tagen muss die Wissenschaftlerin zur Fachfrau für Öffentlichkeitsarbeit mutieren, muss den Umgang mit hektischen, bohrenden Reportern lernen, erfährt auch, dass ihre Worte falsch verstanden werden können.

Die Pressearbeit und die Beratung der Schäfer füllen jede Minute von Gesa und ihrer Mitstreiterin Ilka aus. Sie lassen ihnen keine Zeit,

Nach den Schafrissen in Mühlrose klingelt Gesas Telefon fast ununterbrochen.

Durch sachliche Information aufklären: ein gemeinsames Ziel von Michael Gruschwitz (vorn) und Gesa Kluth.

sich um eine dritte Gruppe Menschen zu kümmern, die ebenfalls großen Informationsbedarf hat: die Bürger der Region. Unmut regt sich unter einigen Oberlausitzern, sie fühlen sich allein gelassen von den Behörden. Ständig lesen sie in der Presse von den Wölfen, hören hier dies, dort das, doch genaue Informationen fehlen. Die beiden Biologinnen, die von auswärts kommen, kennen sie noch nicht.

Mitte Juli schließlich, gut zehn Wochen nach den Schafsrissen in Mühlrose, lädt das Sächsische Staatsministerium für Umwelt und Landwirtschaft zu einer Bürgerversammlung. Der Saal in der Gaststätte »Zur Erholung« ist voll bis auf den letzten Platz. Artenschutzreferent Dr. Michael Gruschwitz moderiert und informiert über die Vorfälle, Gesa erzählt alles, was es über die Wölfe zu berichten gibt: über die vier Tiere, deren Spuren sie immer wieder in der Nähe der Weide gesehen hat und in denen sie die jungen Wölfe des 2000er Jahrgangs vermutet; dass ein weißes Flatterband sie inzwischen erfolgreich von Neumanns Weide abhält; über Wild als Hauptbeute der Tiere. Die vorherrschende Frage im Saal: Sind Wölfe Menschen gefährlich? Kann ich noch zum

Beerenpflücken in den Wald gehen? Dürfen meine Kinder, meine Enkel noch draußen spielen, wo wir doch am Waldrand wohnen? Werden die Wölfe meinen Hund anfallen und tot beißen, wenn ich mit ihm im Wald spazieren gehe? Darf er überhaupt noch von der Leine? Ich habe Kaninchen, Hühner, Katzen – sind die jetzt in Gefahr? Die Biologin versucht, alle Fragen sachlich zu beantworten, die Dinge so darzustellen, wie sie sind oder wie sie sein können.

Dass hier in Sachsen Wölfe Menschen anfallen, ist völlig unwahrscheinlich, erklärt sie. Der Mensch gehört nicht in ihr Beutespektrum, ist von daher gar nicht interessant für sie. Wölfe sind vorsichtige, manchmal sogar sehr ängstliche Tiere, hören sehr gut und riechen noch besser. Sie vermeiden den Kontakt zum Mensch, den sie viel eher bemerken als umgekehrt. Die Chance, einem Wolf wirklich von Angesicht zu Angesicht zu begegnen, ist verschwindend gering. Sicher, immer wieder gibt es Berichte über Wolfsangriffe. Viele davon stammen aus früheren Jahrhunderten. In den meisten Fällen gab es nie eine Überprüfung. Aus den Geschichten wurden Fabeln und Märchen, die noch heute Mütter und Väter ihren Kindern abends auf der Bettkante vorlesen. So hat sich der Wolf bei vielen Menschen von frühester Kindheit an in den bösen Traum, in das erwachende Bewusstsein gestohlen als einer, der er nicht ist und niemals war: als Kindermörder und Großmutterfresser. Die meisten dieser Geschichten sind Märchen, kann Gesa Kluth beruhigen. Aber, auch das verschweigt die Biologin nicht, es gibt einzelne gut belegte Fälle, in denen Wölfe Menschen angegriffen

Gesa und Ilka diskutieren mit Schäfer Frank Neumann, wie er seine Schafe künftig wirksam vor Wölfen schützen kann.

oder sogar getötet haben. In Indien beispielsweise konnte nachgewiesen werden, dass einige Kinder Wölfen zum Opfer gefallen sind. Dort weichen die Raubtiere zwangsläufig auf Haustiere aus, denn wildlebende Huftiere sind in vielen Regionen sehr selten geworden. Die Menschen leben in bitterster Armut, Kinder hüten völlig ungeschützt Schafe oder Ziegen. Wenn sie verzweifelt ihre Tiere verteidigen wollen oder die Nacht schlafend draußen verbringen, dann greifen manche Wölfe auch an. In Rumänien und Polen hingegen, wo die Situation mit der deutschen am ehesten vergleichbar ist, wurde zumindest in den letzten fünfzig Jahren, der am genauesten recherchierten Zeitspanne, kein einziger Mensch von Wölfen getötet. Angriffe, so hat eine norwegische Studie durch weltweite Recherche herausgefunden, sind vor allem in folgenden Fällen passiert: erstens wenn die Wölfe an Tollwut erkrankt sind; zweitens wenn die Tiere in die Enge getrieben wurden, beispielsweise, wenn Haustierhalter ihre Tiere verteidigen wollten; und drittens, wenn Wölfe mit Futter angelockt und so an den Menschen gewöhnt worden sind. »Wir müssen uns immer bewusst sein, dass Wölfe wildlebende

Raubtiere sind und keine Kuscheltiere«, macht Gesa Kluth klar. »Wenn man das berücksichtigt, lässt es sich gut mit dem Wolf leben. Im Vergleich zu Raubkatzen oder Bären sind Wölfe deutlich ungefährlicher – sie sind auf jeden Fall viel ungefährlicher, als sie sein könnten und als die meisten Menschen glauben.« Von daher, so beruhigt die Biologin die Bürger, kann jede Großmutter, jedes kleine Kind unbesorgt zum Beerenpflücken, Spielen oder Spazierengehen in Sachsens Wälder gehen.

Und Hunde? Wenn sie an der Leine sind und am anderen Ende der Besitzer, dann wird der Wolf genauso reagieren wie bei jedem gewöhnlichen Spaziergänger: Er wird ihm aus dem Weg gehen. Wenn allerdings ein Streuner durch den Wald streift und auf einen Wolf trifft, dann kann das auch gelegentlich mal schlecht für den Hund ausgehen. Ein streunender Hund ist für den Wolf ein Eindringling in sein Revier, ein Konkurrent um Beute und Partner, den es zu vertreiben gilt. Hunde, die bei weitem keine so differenzierte Körpersprache mehr wie ihre wilden Vorfahren haben, verstehen zuweilen die Botschaft der Wölfe nicht: ein Missverständnis, das ein Hund auch mal mit dem Leben bezahlt. In Skandinavien macht der Wolf sich auch deshalb Feinde unter der Jägerschaft, weil er gelegentlich Elchhunde tötet, speziell für die Elchjagd gezüchtete Tiere. Von den Jägern in den Wald geschickt, um die großen Schaufelträger aufzustöbern, dringt der Hund in das Revier des Wolfes, kommt ihm vielleicht sogar an der gestellten Beute in die Quere und ist dann für das Wildtier ein klarer Konkurrent.

Doch der Angriff auf einen Hund ist unwahrscheinlich, wenn das

Die Mühlrosener Schafsweide ein Jahr nach den Rissen, mit vier Flatterbändern und Strom geschützt.

Tier nur ein paar Meter seinem Besitzer voraus- oder hinterherlaufe. Frei herumstreunende Hunde allerdings, da spricht Gesa ganz im Sinne der Jäger und Förster, haben – zum Schutz des Wildes – in den Wäldern der Lausitz ohnehin nichts zu suchen.

Was Katzen und Kleintiere anbelangt, so kann und will die Biologin die Bedenken der Bürger nicht herunterspielen. Zwar hat niemand bislang in der gesammelten Wolfslosung Katzenhaare nachweisen können. Doch völlig auszuschließen sei es nicht, dass sich ein Wolf auch mal an einem streunenden Haustiger vergreife. Im Falle Hühnerdiebstahl wird meist der Fuchs als Täter überführt, denn der vermag sich sehr geschickt unter Zäunen hindurchzubuddeln oder über sie hinweg zu klettern. Dem großen grauen Vetter gelingt das bei weitem nicht so gut, doch lässt er als typischer Opportunist günstige Gelegenheiten für einen Zwischenimbiss sicher nicht aus.

Dass allerdings Hauskaninchen panisch im Stall ihre Kreise drehen, weil irgendwo am Waldrand ein Wolf auftauche – wie der *Spiegel* im Sommer 2002 in einem Artikel einen Anwohner zitiert –, das glaubt Gesa Kluth eher nicht. Doch sie macht eines klar: »Nicht nur der Wolf muss sich an ein Leben in der Nähe der Menschen anpassen, auch wir müssen das umgekehrt tun.« Das heißt, jeder kann nach wie vor unbesorgt im Wald spazieren gehen, sollte aber Vorsorge für seine Haustiere treffen und dem Wolf keine Gelegenheiten bieten.

Gesas Botschaft kommt an. Auf der Bürgerversammlung und in weiteren Gesprächen in den darauf folgenden Wochen gelingt es, die meisten Menschen von der Ungefährlichkeit der Wölfe zu überzeugen. Zwar kursiert noch eine Weile das Gerücht, zwei Soldaten seien von Wölfen angegriffen und verletzt worden. Nur durch den Abschuss der Tiere hätten sie sich retten können. Niemand kann diesen Fall bestätigen, und so verliert sich das Gerede nach und nach. Im Großen und Ganzen reagieren die Lausitzer besonnen: die meisten eher gleichmütig, doch viele durchaus mit Interesse. Einige wollen die Biologinnen sogar unterstützen und möglichst viel über die neuen Nachbarn lernen. Für Gesa eine gute Erfahrung. »Das hätte ich nicht gedacht, dass ich hier so viele Menschen kennen lerne, die den Wölfen so positiv oder zumindest neutral gegenüberstehen. Das hat mir immer wieder Mut gemacht.«

Gesa hat nun den Auftrag, für Aufklärung zu sorgen, gemeinsam mit den Schäfern Vorsorge zu treffen und zu erfassen, wo sich die Wölfe aufhalten – alles, was zu einem Wolfmanagement gehört. Doch es dauert, bis der Werkvertrag mit dem Sächsischen Umweltministerium durch alle Instanzen gegangen ist. Bis dahin lebt die Biologin in bescheidensten Verhältnissen. Unterkünfte, die für Wochenendbesuche gedacht waren, müssen nun für ganze Wochen und Monate reichen. »Das

Schlimmste war, dass ich kein Telefon hatte. Ich habe alles übers Handy erledigen müssen, da kamen manchmal vierhundert Euro im Monat zusammen.« Sie beginnt nun, öffentliche Vorträge über Wölfe zu halten, will die Menschen der Region informieren. Der Andrang ist groß: Oft sind die Säle bis auf den letzten Platz belegt.

Ilka arbeitet währenddessen noch immer in Berlin als Programmiererin. Doch sie verbringt jeden freien Tag in der Lausitz, im provisorischen Büro von Gesa oder draußen im Gespräch mit Schäfern und Anwohnern, unternimmt alles, um ihre Kollegin zu unterstützen. Gesa will mit Ilka dauerhaft zusammenarbeiten. Die Arbeit ist allein kaum zu leisten, und es tut gut, jemand zu haben, mit dem man alles besprechen kann. Die beiden Frauen beschließen, sich den vorgesehenen Werkvertrag zu teilen. Das Umweltministerium stimmt zu. Die beiden Biologinnen wissen von Anfang an, dass das für sie ganze Arbeit bei halber Bezahlung bedeuten wird. Halbe Sachen, dafür sind sie beide nicht zu haben: Die Wölfe und die verunsicherten Schäfer und Bürger verlangen jetzt den vollen Einsatz – koste es, was es wolle. Ilka setzt alles auf eine Karte und kündigt in Berlin.

»Ich weiß manchmal nicht mehr, wie wir das die ersten Monate geschafft haben«, meint Gesa später. »Wir hatten jede Menge Kosten, jede Menge Arbeit, aber anfangs kaum Geld.« Der Internationale Tierschutzfonds IFAW erleichtert die Situation ein wenig, er unterstützt die Arbeit der beiden Biologinnen mit neuen Verträgen. Doch das bedeutet auch, auf Abruf bereitstehen zu müssen, wenn in Brandenburg oder Mecklenburg-Vorpommern Wolfsspuren gesehen werden, die Hinweise zu überprüfen und den Kontakt zu dortigen Naturschutzbehörden, Förstern und ehrenamtlichen Wolfsbetreuern zu pflegen. Denn der Schwerpunkt des IFAW-Auftrages liegt auf den beiden nördlicheren Bundesländern. Die Arbeit in Sachsen hingegen finanziert ab nun das Umweltministerium. Man arbeitet zusammen, aber doch in getrennten »Revieren«.

Für die Biologinnen bedeutet das mehr finanzielle Unterstützung, aber auch mehr Aufwand.

Die Vorträge, die vielen Interviews, das alles ist nur ein Teil der Arbeit in Sachsen. Ganz vorn an steht für Gesa und Ilka die Zusammenarbeit mit den Schäfereibetrieben im Umkreis, immerhin neun an der Zahl. Die Schäfer sind die Betroffenen, sie haben berechtigte Zukunftsängste und allen Grund, auf Wölfe schlecht zu sprechen zu sein.

Auch hier hat das Sächsische Umweltministerium konsequent reagiert. Dem Schafhalter werden im Rahmen der staatlichen Härtefallregelung alle Schäden ersetzt. Seine Euro-Netze zieren von nun an weiße Flatterbänder, im Fachjargon »Breitbandlitze« genannt. Um alles, was flattert – das wissen Experten und Jäger seit langem –, machen Wölfe

Die großen Pyrenäenberg-hunde sind ruhig und gut-artig. Doch ihre »Familie«, die Schafe, verteidigen sie vehement.

einen großen Bogen. Seit Jahrhunderten werden Leinen mit angeheffe-ten Stofffetzen erfolgreich zum Treiben von Wölfen verwendet. Denn es gibt kaum einen der grauen Vierbeiner, der freiwillig durch die Lap-pen geht.

Gesa und Ilka besuchen alle umliegenden Schäfereien und beraten, was die Schäfer für den Schutz ihrer Tiere tun können. Die meisten entschließen sich, es erst einmal bei den herkömmlichen Euro-Netzen zu belassen, wollen abwarten, ob sich die Wölfe wirklich nähern.

Doch etwas anderes, wovon Gesa und Ilka berichten, klingt für einige durchaus interessant: Herdenschutzhunde. Diese großen, unerschro-ckenen Hunderassen werden speziell zu dem Zweck gezüchtet, Schafe vor dem Angriff von Raubtieren zu schützen. Sie wachsen von klein an mit Schafen auf, sehen sie als ihre Sozialpartner an und verteidigen sie gegen jeden Feind. Die Tiere haben sich vielerorts in Europa sehr gut bewährt, haben zum Beispiel in Rumänien und der Slowakei dafür ge-sorgt, dass die Hundehalter deutlich weniger Schafe durch Wölfe und Luchse verloren als zuvor.

Für den Einsatz dieser Hunde setzt sich auch eine Gruppe Wolf-schützer ein, von denen die Biologinnen in diesen Wochen viel Unter-stützung erfahren. Im Jahr 1991, als in Brandenburg kurz hintereinan-der vier Wölfe abgeschossen worden waren, hatten zwei wolfbegeisterte Menschen, eine Juristin und ein Hundetrainer, eine »Gesellschaft zum Schutz der Wölfe« gegründet. Eltern und Geschwister mussten als Gründungsmitglieder herhalten, um die nötigen sieben Personen dafür zusammenzubekommen. Fachleute schüttelten nur den Kopf: Wölfe in Deutschland schützen zu wollen, wo es so gut wie keine gab, klang reichlich verrückt. Doch den Mitgliedern, deren Zahl rasch wuchs, ging und geht es um Wolfsschutz weltweit. Sie wollen das schlechte Image des Wolfs verbessern, aufklären, die Haltung der Tiere in Gehegen verbessern. Sie erarbeiten Unterrichtsmaterialien und Informations-broschüren, organisieren Vorträge und Seminare. Auch in Sachsen setzen sie auf diese Karte: Bereits im Juni 2002 laden sie, gemeinsam mit der »Rotwild Hegegemeinschaft Muskauer Heide«, einer Jäger-Organisation, zu einer Informationsveranstaltung. Die Wolfsexperten Gesa Kluth, Erik Zimen und Christoph Promberger berichten in dem kleinen Ort Rietschen über die Tiere und ihr Verhalten. Die alte Scheune im Museumsdorf Erlichthof ist gerappelt voll, der Informationsbedarf immens.

Besonders wichtig ist den Wolfschützern, Viehhalter europaweit bei ihrer Vorsorge gegen Angriffe der Raubtiere zu unterstützen – und da-mit den Ruf nach Abschuss der Wölfe gar nicht erst laut werden zu las-

Schon ein einfaches weißes Flatterband über dem Zaun wirkt Wunder: Die Wölfe trauen sich nicht wieder auf die Weide.

sen. Ein besonderes Augenmerk liegt dabei auf den Herdenschutzhunden. Die größte Pro-Wolf-Organisation Deutschlands, die inzwischen über neunhundert Mitglieder zählt, stellt Kontakte zwischen Schafhaltern und Züchtern her, berät die Schäfer und überwacht die Entwicklung der Hunde.

Auch in der Lausitz gelingt es den Wolfsfreunden zusammen mit den Biologinnen, Interesse an diesen Hunden zu wecken. Sie holen Fachleute herbei, organisieren Vorträge und führen viele persönliche Gespräche mit den Schafhaltern. Die Skepsis ist bei einigen Schäfern groß. Ist so ein Hund nicht auch für Menschen gefährlich? Wer Wölfe, Luchse und sogar Bären angreift, der muss doch äußerst aggressiv sein. Mit einer Schulterhöhe von bis zu achtzig Zentimetern und sechzig Kilogramm Gewicht ist zum Beispiel so ein Pyrenäen-Berghund, wie ihn die Wolfschützer propagieren, nicht gerade ein Schoßhündchen. Und lohnt sich der Aufwand? So ein Tier muss wochenlang beobachtet werden, damit es mit den Schafen sorgsam umgeht, sie nicht im spielerischen Übereifer zwickt und jagt, muss erzogen werden – wer hat dafür schon Zeit neben all der Arbeit? Die Meinung unter den Schäfern ist geteilt. Doch einige von ihnen überlegen, sich solch ein Tier anzuschaffen. Nicht nur als Schutz gegen Wölfe: Wildernde Hunde und Wildschweine machen den meisten viel mehr Sorgen. Auch gegen sie sollen sich die Schutzhunde schon vielerorts bewährt haben.

Schäfer Frank Neumann hält von solchen Experimenten nichts. Schon wenige Tage nach dem Angriff hat er seinen Zaun mit dem Flatterband versehen, will nun sehen, wie sich das bewährt.

In den ersten Tagen nach den Schafsrissen scheint es, als hätten die Wölfe ihr grandioses Erfolgserlebnis vergessen. Jäger, Biologinnen, Helfer – keiner, der in jenen Mainächten nach den Schafsrissen Wache an der Weide hält, sieht auch nur einen Wolf. Aber dann kommen sie wieder – und in dieser Nacht ist Schäfer Neumann allein.

16. KAPITEL

NÄCHTLICHE BEGEGNUNG

Ende Mai 2002: Fast drei Wochen haben Familie Neumann und Jäger nun schon, einander abwechselnd, Wache an der Weide von Mühlrose gehalten. Die Wölfe ließen sich nicht blicken. Doch Jäger und Anwohner haben sie in der Nähe gesehen, und die Biologinnen finden Pfotenabdrücke im Dünensand neben der Bahnlinie, einige auffallend klein, nur acht Zentimeter groß. Die Wölfe sind noch in der Nähe.

Man wacht noch einige Nächte, nachdem der neue Zaun aufgebaut ist, hofft zu sehen, ob er seine Wirkung tut – aber die Tiere zeigen sich nicht. Kurz vor Pfingsten geben die Helfer die Nachtwachen auf.

Der Schäfer hat seine Herde längst ausgewechselt. Die verschreckten Schafe musste er auf eine andere Koppel bringen, neue Tiere grasen nun auf der Weide in Mühlrose. Ihnen sind die Wölfe fremd, sie verhalten sich völlig vertraut. Bis zu diesem Abend am Pfingstsonntag: Ein Mann, der sein Haus direkt neben der Weide hat, sieht die Schafe unruhig umherlaufen und sich zusammendrängen. Er alarmiert den Schäfer: »Irgendetwas stimmt da nicht!« Neumann fährt sofort raus, erkennt die Unruhe der Tiere und hat sofort die Wölfe im Verdacht. Er beschließt zu bleiben und stellt sich mit seinem Trecker direkt auf die Wiese. Es ist kurz vor zwei Uhr morgens, als plötzlich einige Schafe außerhalb der Koppel laufen. Neumann steigt von seiner Zugmaschine und treibt die Tiere zurück. Ein Pfahl liegt aus der Verankerung gehoben auf dem Boden, möglicherweise wieder von Wildschweinen umgelegt. Frank Neumann richtet den Netzzaun auf, dreht sich um und erblickt drei Wölfe, einer kaum vierzig Meter von ihm entfernt. Sie liegen im hohen Gras – völlig ruhig, scheinbar ohne Scheu. Neumann geht zu seinem Trecker zurück, zwingt sich, nicht zu rennen. »Der Weg zu meiner Zugmaschine kam mir endlos vor«, erzählt er später. Eine Weile bleiben die Wölfe noch liegen, irgendwann sieht der Schäfer sie nicht mehr. Von da an bleibt es ruhig in dieser Nacht.

Es ist schon die zweite Begegnung des Schäfers mit den Wölfen.

Plötzlich standen die Wölfe vor ihm, erzählt der Schäfer, keine drei Meter weit weg. Aber angegriffen haben sie ihn nicht.

Das erste Mal hat er sie in der zweiten Nacht nach dem großen Angriff gesehen. Vierhundert Meter weit weg von seinem Wagen sind sie gewesen, noch zweihundert Meter von der Herde entfernt. Der Schäfer stieg aus dem Auto, wollte die Tiere gar nicht erst in die Nähe der Schafe lassen – und schon verschwanden die Grauen, liefen zurück in den Wald.

Zweieinhalb Stunden später in jener Nacht waren sie wieder da, dieses Mal nur hundertfünfzig Meter von Neumann entfernt. Der Schäfer erkennt sie unmittelbar an der Koppel, direkt vor dem Euro-Netz, damals noch ohne flatternde Litze. Erneut stieg Neumann aus dem Auto, und wieder flüchteten die Tiere sofort.

Eine Woche nach Pfingsten begegnet er den Wölfen zum dritten Mal: Gegen 22 Uhr beobachtet ein Jagdpächter einen Wolf am Dorfrand, der in Richtung Schafe läuft. Neumann wird alarmiert und fährt zur Weide. Seine Schafe stehen dicht gedrängt in einer Ecke. Er sieht einen zierlichen Wolf weiter entfernt am Bahndamm laufen. Das Tier entfernt sich von der Koppel. Neumann beschließt, wieder Wache zu halten, direkt auf der Weide. Doch der Boden ist nass und schwer, er muss dafür seinen Traktor holen. Bis der Schäfer auf dem Trecker zurückkommt, bleibt ein Nachbar an der Koppel stehen. Der Wolf lässt sich nicht wieder blicken, aber Neumann bezieht trotzdem Stellung auf der Weide.

Es ist kurz nach Mitternacht, als ein Zugpfiff den übermüdeten Schäfer auf dem Traktor weckt. Er hört einen Wolf vom Wassergraben her heulen, stimuliert wohl durch die Zugsirene. Die Antwort kommt prompt – aus drei Kehlen direkt vor der Koppel. Deutlich kann Neumann sie sehen, sie laufen hin und her – und in der Koppel laufen die Schafe hin und her. Mit einem Satz springt der Schäfer von seinem Trecker, schlägt auf die Motorhaube, schreit die Tiere an. Die drehen sich um, schauen ihn an und nähern sich langsam. »Die kamen bis auf drei Meter heran«, schätzt Neumann. Er klettert rasch wieder auf seine Zugmaschine. »Ja, ich hab mich da oben doch sicherer gefühlt. Da kam das Rotkäppchensyndrom wieder hoch«, erzählt er viel später dem Filmautor Holger Vogt in die Kamera und schmunzelt dabei. Doch in jener Nacht ist ihm nicht zum Lachen. Die drei Tiere, die in ihrer Neugier nicht weglaufen und so ruhig vor ihm stehen, sind ihm überhaupt nicht geheuer. »Man kennt so was ja nicht«, sagt Neumann, »weiß nicht, was sie machen werden.« Eine Weile schauen Wölfe und Schäfer einander an, nur wenige Meter voneinander getrennt. Dann ziehen sich die drei Tiere langsam zurück.

Am nächsten Morgen in dieser Woche nach Pfingsten findet Gesa

Es dauert, bis die Wölfe verzichten lernen. In den ersten Nächten nach den Rissen kommen sie immer wieder.

Kluth eine Nachricht von ihm auf ihrem Handy. »Die Wölfe waren da, ganz nah«, hat der aufgeregte Mann auf die Mailbox gesprochen. Gesa ruft ihn sofort an, hakt nach: »Was ist passiert? Was haben sie denn gemacht?« Und Holger Vogt fragt den Schäfer später vor der Kamera: »Sahen die denn böse aus?«

»Da hab ich in dem Moment nicht drauf geachtet«, antwortet Neumann, es sei halt so ganz anders, Hunde würden bellen oder knurren. »Das macht ein Wolf nicht, der steht plötzlich vor einem! Und da kriegt man doch einen gehörigen Schreck.«

Frank Neumann wird von dieser nächtlichen Begegnung immer wieder und wieder erzählen müssen, vor Kameras, vor Mikrophonen, vor schreibenden Reportern. Da liest sich dann manches sehr dramatisch: Nur durch einen Sprung hinter die Zugmaschine habe sich Neumann retten können, heißt es zum Beispiel im *Spiegel*. Und noch fast zwei Jahre später, im März 2004, rettet sich Schäfer Neumann laut einer Dresdner Ausgabe der *Bild* angeblich »mit letzter Kraft vor dem Raubzeug in den Traktor«.

»Angreifen wollten die mich nicht, da bin ich mir sicher«, ist Neumann heute überzeugt und ärgert sich über solche Berichte.

Die Wolfsexpertinnen Gesa und Ilka glauben, dass die Tiere schlicht neugierig waren. »Wölfe haben nicht grundsätzlich Angst vor dem Menschen«, sagt Gesa. Lange Zeit galt selbst unter renommierten Wissenschaftlern die Devise, dass ihnen die Angst vor dem Menschen angeboren sei. Der jahrhundertelangen Verfolgung seien nur die scheuesten Tiere entkommen, hätten ihre Angst von Generation zu Generation weitervererbt, und so gehöre die Menschenscheu inzwischen zum genetischen Programm. Die vier Geschwister von Mühlrose beweisen das Gegenteil. Die Altwölfe von der Muskauer Heide sind weit scheuer als ihre Jungen, die noch keine unangenehme Begegnung mit einem Menschen erleben mussten. Nur die Angst vor Neuem und Unbekanntem ist ihnen angeboren, nicht aber die vor der Spezies Mensch. Jeder Wolf lernt individuell Menschen fürchten, ignorieren oder – als von klein auf gezähmtes Tier – sogar lieben. Es gibt Furchtsame und Draufgänger, Übervorsichtige und Dreiste, je nach Erfahrung und Naturell. Die Jungwölfe, die immer wiederkehren, werden den Schäfermeister womöglich tatsächlich mit der Zeit an seinem Geruch und seiner Gestalt kennen gelernt haben, werden erfahren haben, dass ihnen nichts Böses droht. »Die Wölfe müssen das Interesse an Schafen verlieren. Deshalb ist es so wichtig, dass sie sich merken: Schafe tun weh!«, meint Gesa.

Die jungen Wölfe lernen die Lektion, wenn auch langsam. Zu groß ist die Verlockung, zu stark die Erinnerung an den grandiosen Erfolg.

Doch der erneuerte Zaun bei Schäfer Neumann erscheint den Tieren offenbar suspekt. Ob sie schmerzhafte Erfahrung mit dem Strom gemacht haben oder die Angst vor dem Flattern der weißen Litze sie zurückhält, ob es ein Mix aus beidem ist? Schäfer, Jäger und Biologinnen wissen es nicht. Doch keiner von ihnen sieht die Wölfe mehr den Zaun überwinden, kein Schaf stirbt mehr auf dieser Weide vor Angst oder gerissen von den grauen Räubern.

Es dauert eine Weile, bis Schäfer Neumann dem Frieden wirklich traut, die Nächte wieder sorglos schläft. Ein Wolfsfan wird er niemals werden, die Tiere machen ihm schlichtweg Arbeit. Verstörte Schafe können ihr Lamm verlieren, er muss den Schaden errechnen, die Formalitäten für den finanziellen Ersatz erfüllen, ständig den Zaun überprüfen. Er bräuchte die Wölfe nicht unbedingt hier um sein Dorf herum zu haben. Aber er fühlt sich verstanden, hat den Eindruck, nicht allein zu stehen. Da ist das Land Sachsen, das ihm den Schaden bezahlt. Da sind die Jäger in der Region, die zur Nachtwache kommen und das gleiche Ziel haben wie er: den Wolf auf Abstand zu halten. Und da sind die beiden Biologinnen und die Helfer von der Gesellschaft zum Schutz der Wölfe, die keine Märchen vom lieben Wolf erzählen, sondern mit Sachlichkeit beeindrucken. Die beim Zaunaufbau hart mit anpacken und ihm bei den Formalitäten helfen. Die ihn beinahe schon anstecken mit ihrer leidenschaftlichen Überzeugung, dass der Wolf in Deutschland eine faire Chance brauche.

Nach der nächtlichen Begegnung Ende Mai 2002 sieht der Schäfer nur noch einmal den auffallend zierlichen Wolf in der Nähe der Weide. Er hat Beute im Fang, doch seinen Schafen nähert er sich nicht. Danach begegnen ihm die Grauen lange Zeit gar nicht mehr. Er beginnt zu hoffen, dass sie sich vielleicht ganz aus der Region zurückgezogen haben. Doch im Winter, am 2. Dezember 2002, stehen plötzlich zwei auf seinem Hof – ein kleinerer und ein größerer. Neumann hat Lammzeit im Stall, kann diese Tiere hier nun wirklich nicht gebrauchen. Sie verschwinden, als er lärmend auf sie zugeht.

Kurz vor Weihnachten versorgt er mit seiner Frau im Stall kleine Lämmer mit der Milchflasche. Als die beiden auf den Hof treten, steht noch einmal ein einzelner Wolf vor der Scheune. Tier und Menschen schauen sich eine kurze Weile an – dann läuft der Wolf weg. Von da an begegnet der Schäfer bis heute keinem der grauen Raubtiere mehr.

17. KAPITEL

NEUE NACHBARN

Dezember 2002: Jacques quengelt. Ihm ist langweilig auf dem Rücksitz des alten Golf. Er will auch etwas sehen, möchte wie seine Herrin rausgucken aus dem Fenster. Der drei Monate alte Weimaranerrüde ist im Flegelalter, wächst gerade vom tollpatschigen Welpen in einen schlaksigen Halbstarken hinein. Er stemmt seine Pfoten auf die Rückenlehne des Vordersitzes und drängt seinen Kopf hinter Ilkas vorbei aus dem Fenster neben dem Fahrersitz. Das jüngste Mitglied im Team der Spurenleser hängt sich mit dem ganzen Vorderkörper aus dem Wagen, als wolle er die Fährten, die Ilka von oben zu finden versucht, direkt vom Auto aus mit der Nase am Boden erschnüffeln.

Ilka fährt an Bahngleisen entlang, wendet unermüdlich den Kopf zur Seite, sucht Spuren ... Endlich, am Rande eines Birken- und Kiefernwäldchens, nicht weit von dem Dörfchen Mühlrose, entdeckt sie eine Fährte in dem nassgeregneten, harschen Altschnee. Überall schaut schon die braune Ackererde hindurch. Es ist wieder einmal Tauwetter, wieder einmal kaum noch Zeit, Spuren zu entdecken. »Dass der Schnee mal so ist, dass man die Spuren wirklich gut sieht – nicht zu fest, nicht zu locker, nicht zu nass, nicht zu trocken –, das hat echt Seltenheitswert«, sagt Ilka.

Sie steigt aus, geht ein paar Schritte über das angrenzende Feld. Laut knirscht der erst getaute und dann wieder vereiste Schnee unter ihren Wanderstiefeln. Sie kniet nieder, den Zollstock in der Hand. Eine Fuchsspur zeichnet sich deutlich in dem grauen Schneerest ab, oval, wie die große stilisierte Zeichnung eines Veilchens mit vier kleineren und einem großen Blütenblatt. »Glatte fünf Zentimeter«, sagt die Biologin. Direkt daneben Wolfspfoten, deutlich größer, Hinterpfote in den Vorderpfotenabdruck gesetzt, nach vorn überlappend. Für Ilka heißt das: geschnürter Trab. Weder panische Flucht noch Bummelei, aber zielstrebig voran.

Nur acht Zentimeter misst Ilka für den gemeinsamen Abdruck.

Geschnürter Trab in einer Autospur – Wölfe lieben es bequem.

Mit Harn und Losung markieren Wölfe ihr Revier und gehen so den meisten Streitereien aus dem Weg.

»Das ist ziemlich klein«, meint sie. Neun bis zehn Zentimeter ist eine Vorderpfote normalerweise lang bei einem ausgewachsenen Wolf, etwa acht bis neun die Hinterpfote. Die Biologin hat die auffallend kleinen Abdrücke schon öfter gesehen, das erste Mal kurz nach den Schafsangriffen im Mai 2002 bei Mühlrose. Sie ist sich daher ziemlich sicher, dass die Spuren zu einem der vier Schafsräuber von damals gehören.

Ilka fotografiert. Der junge Hund quengelt schon wieder. Er will weiter. »Ja, du armer, armer Hund«, meint sie lachend und lässt sich nicht weiter aus der Ruhe bringen. Die Fotodokumentation ist wichtig für die Forschung von Ilka und ihrer Kollegin Gesa. So können sie jederzeit nachschauen, welche Spur sie wann und wo gesehen haben. Manchmal gelingt es ihnen so auch, die Abdrücke anhand der Form und der Größe einzelnen Tieren zuzuordnen. Sind sie zum Beispiel größer als neun Zentimeter und sehr breit, dann ist es der Rüde vom Muskauer Rudel, sind sie beinahe genauso groß, aber schmaler, dann seine Partnerin. Doch auch die Jungwölfe lassen sich zuweilen unterscheiden, mal hat einer eher runde Pfoten, mal einer eher längliche.

130

Die Biologin geht mit Jacques weiter bis an die Straße, die zum Dorf führt, und nähert sich den ersten Häusern bis auf dreißig Meter. Stürmisch jagt der junge Weimaraner auf der vereisten Straße hin und her, die Nase am Boden, und kläfft ausgelassen. Ein Dorfhund gibt keifend Antwort, doch er verstummt, als Jacques sich nähert: Ist ja nur so ein junger Tollpatsch, nicht der große Graue aus dem Wald, der nachts vorbeikommt und auf seine Markierungen immer wieder eins draufsetzt.

Urinkleckse am Straßenrand – gelbe Schriftzeichen eines Gesprächs zwischen Dorfhüter und Nachtwanderer. Am Tag der Hund, befreit von Leine oder Kette, ganz Herr der Straße. Er hebt das Bein sehr hoch und pinkelt an das Ortsschild, an den Straßenbaum und auf die Bordsteinkante: Das ist mein Sprengel! In der Nacht streift der Wolf am Dorf vorbei, hebt lässig den Hinterlauf und pinkelt obendrauf: Das denkst du! Komm, wenn du was willst!

Der Hund, inzwischen längst wieder an der Kette oder hinterm Zaun, mag hilflos blaffen – der Wolf zieht weiter. So könnte es sein, so lassen sich die Markierungen und Spuren deuten. Vielleicht ist es aber auch ganz anders.

Die Spuren waren tags zuvor schon beinahe weggetaut, sind dann wieder vereist. Sie lassen sich kaum noch verfolgen. Menschen haben sie zertreten, eine Autospur hat sie verwischt. »Die Fährte ist schon alt«, meint Ilka, »das kann auch vorletzte oder vorvorletzte Nacht gewesen sein, ziemlich sicher sogar.«

Doch es sind noch genügend Reste da, dass die Biologin den nächt-

Wer unbefugt Nachbars Revier betritt, muss mit Prügeln rechnen. Unter wilden Wölfen kommt Streit jedoch seltener vor als im Gehege.

*Ilka und ihr Weimaraner
Jacques auf Spurensuche.*

lichen Weg des Wolfs ahnen kann. Einen Weg, den sie kennt, den sie und Gesa immer wieder anhand der Spuren rekonstruiert haben: Sie haben die schmalen Schienen der Kohlebahn überquert, sind in einem weiten Bogen durch den Wald von Weißwasser gelaufen, nähern sich dem Dorf Mühlrose von Nordosten her, laufen über die Weide von Schäfer Frank Neumann (siehe Karte Buchdeckel hinten).

Den gleichen Weg haben wahrscheinlich vor gut einem Dreivierteljahr die vier Jungwölfe gewählt, als sie in jenen beiden Nächten im Frühjahr 2002 mindestens achtzehn Schafe getötet haben. Sie sind ihn damals gelaufen, und einige laufen ihn nach neun Monaten noch immer, hin und zurück. Regelmäßig finden die Biologinnen Spuren in beide Richtungen. »Dieser Weg ist inzwischen Routine«, meint Ilka. Wölfe laufen, wo es am bequemsten ist und wo es sie zu guter Beute bringt. Noch ist nichts wieder passiert, seit dem Sommer sind die Wölfe den Schafen nicht wieder nahe gekommen. Jetzt im Winter sind die Haustiere sicher, sie stehen im Stall. Doch der nächste Frühling kommt bestimmt.

132

Ilka blickt über die weite Fläche der Abraumhalden: »Eigentlich denkt man, man müsste doch mal hier einen Wolf sehen«, meint sie zu Holger, der die Biologin bei ihrer Arbeit filmt. Er schwenkt mit der Kamera über den Tagebau. Alles ist kahl, der Blick schweift nahezu frei bis zum Horizont. Aber nichts regt sich, kein grauer Schatten huscht über den Sand. Sie sind ganz in der Nähe, weiß Ilka. Sie laufen hier herum, jede Nacht. Sie würde einfach gern mal einen sehen. Fast ein Dreivierteljahr lebt sie nun hier in der Lausitz, ist den Wölfen auf der Spur. Entdeckt haben sie und Gesa noch immer keinen.

Ilka misst noch einmal den Abdruck einer Vorderpfote: acht Zentimeter. Die kleinen Abdrücke geben ihr nicht zum ersten Mal Rätsel auf. Sie hat sie in den letzten Monaten immer wieder hier in der Gegend gefunden. So weit weg vom Muskauer Standort, vermutet die Biologin, kann es kaum ein Welpe vom letzten Frühjahr sein. In der Regel bleiben die Jungtiere im Revier der Eltern, bis sie fast zwei Jahre alt sind. Nur selten gibt es Ausnahmen. Andererseits sind die Abdrücke für einen älteren Wolf erstaunlich klein. »Wir haben gedacht, dass es eine Fähe ist, weil die in der Regel kleiner sind«, erzählt sie. Manchmal sehen sie noch eine zweite Spur, eine, die nur wenig größer ist. Achteinhalb Zentimeter die Vorderpfote, auch das recht klein. Eine zweite Wölfin? »Aber dann habe ich einmal eine Markierung gesehen, die sehr weit oben war. Das sah aus, als ob sie von einem Rüden stammte.« Pfoten von einer Fähe? Markierung von einem Rüden? Sind es zwei Fähen, eine davon besonders zierlich? Oder ein Weibchen und ein Männchen, beide klein?

Winteridylle auf dem Truppenübungsplatz. Die Schneelandschaft ist ideal zum Spuren verfolgen.

Manchmal ist es schwer, aus den Spuren exakt zu lesen, immer wieder gibt es Widersprüche. »Denn natürlich sind das alles Annahmen«, erklärt Ilka. »Wir sehen, die Spur ist ungewöhnlich klein. Wir wissen aus der Literatur oder aus Erfahrung, dass Fähen im Durchschnitt etwas kleiner als Rüden sind. Und dass Welpen, die im letzten Frühjahr geboren worden sind, normalerweise noch nicht so weit weg vom Elternrevier laufen. Also haben wir angenommen, dass die kleine Spur von einer Fähe stammt, die älter als ein Jahr alt ist. Aber es kann natürlich auch alles ganz anders sein.«

Vielleicht ist es ein Weibchen, das irgendeinen Trick gefunden hat, wie ein Männchen zu pinkeln? Ganz ausgeschlossen ist das nicht. Wolfsrüden urinieren wie Hunderüden mit hoch gehobenem Bein. Unter Wölfen ist das Pinkeln im Stehen allerdings keine Domäne der Männer. Auch Fähen markieren mit leicht angehobenem Bein, treffen dabei aber mit dem Urinstrahl naturgegeben gewöhnlich nicht so hoch wie ihre männlichen Artgenossen. Geübte Spurensucher können so vermuten, von welchem Geschlecht die Markierung stammt. Vermuten – aber nicht wissen.

Urinmarkierungen erzählen noch mehr. Denn gehobenes Bein heißt gehobene Stellung. In einem Wolfsrudel markieren nur die Eltern – alle wichtigen Plätze, Wege, Baumstümpfe, Steine bekommen eine Duftnote aufgesetzt. Sobald andere Wölfe in der Nachbarschaft sind, ziehen sie an ihren Reviergrenzen regelrechte »Zäune« aus Duftstoffen, setzen Kothäufchen als Verbotsschilder, Urinspritzer als Durchgangssperren. Oft markieren die beiden Partner gemeinsam an denselben Stellen. Sie signalisieren damit jedem fremden Wolf auf Freiersfüßen: Wir sind nicht mehr zu haben.

Wo immer Gesa und Ilka auf dem Truppenübungsplatz Urinspritzer an Baumstämmen oder Pfählen finden, auf Grasbüscheln oder Steinen, können sie ziemlich sicher sein, dass hier die Elterntiere des Rudels unterwegs waren. Denn für alle Jungtiere gilt, egal ob Weibchen oder Männchen: Gepinkelt wird im Sitzen – genauer gesagt, in leichter Hockstellung. Wer so sein Wasser lassen muss, hat kaum eine Chance, einen Baumstamm waagerecht zu treffen. Dieses Privileg gebührt allein den Alten.

Auch an diesem nasskalten Dezembernachmittag trifft Ilka immer wieder auf dunkelgelbe Flecken im Pappschnee. Jacques' feine Nase hat sie meistens viel eher aufgespürt als die Biologin. Doch noch kann der junge Hund nicht viel damit anfangen. Erst in einigen Monaten, mit Erlangen der Geschlechtsreife, wird er damit beginnen, den Markierungen seiner wilden Verwandten nach Wolf- und Hundeart seinen eigenen Urinstempel aufzusetzen. An diesem Tag lässt er die gelben

Flecke nach ein bisschen Schnüffelei achtlos hinter sich und stürmt weiter, in der Hoffnung auf interessantere Abenteuer. Seine Besitzerin hingegen findet die Urinspuren im Schnee ausgesprochen spannend. Sie wecken in ihr eine Ahnung, erzählen ihr den Anfang einer Geschichte, die sie eigentlich noch nicht so recht glauben mag. Wenn das stimmt, was sie vermutet, dann wäre ein weiterer Meilenstein in der Entwicklung der deutschen Wolfspopulation geschafft. Aber sie ist sich nicht sicher – noch nicht.

Nur wenig später, kurz vor Weihnachten, findet sie endlich den Beweis: Über Nacht hat es noch mal geschneit, vielleicht ist jetzt die letzte Gelegenheit, Spuren außerhalb der Sandhalden zu sehen. In der Nähe des Örtchens Nochten, kurz hinter dem großen Kraftwerk Boxberg, findet die Biologin, wonach sie sucht: Urinmarkierungen. Nicht hier mal eine, dort mal eine ... es sind ganz viele. Dicht nebeneinander, diesseits und jenseits der Straße von Boxberg nach Weißwasser. Sie geht die Spuren aus. Zwei kommen eindeutig aus Richtung Truppenübungsplatz und führen dorthin, wo das Muskauer Rudel zu Hause ist. Die Alten sind weit gelaufen, um hier ihre Grenzen abzustecken. Sie hatten offenbar guten Grund dazu. Denn nebenan ist jemand eingezogen, der seinerseits klare Grenzen zieht.

Ilka kann anhand der Spuren und Markierungen zweifelsfrei erkennen, dass je zwei Wölfe hier ihre Reviere abgesteckt haben. Keiner hat das Territorium der jeweils anderen Partei betreten, jeder hat seinen Standort klar gemacht. Ilka geht an die Straße zurück, prüft noch einmal ganz genau. Ja, es scheint sicher zu sein. Sie freut sich. »Endlich!« Sie gräbt in den Parkataschen nach ihrem Handy, tippt Gesas Nummer ein, tritt ungeduldig mit den Stiefeln im Pappschnee, bis sich die Kollegin meldet. »Gesa, ich glaube, wir haben es, jetzt ist es sicher. Die Wölfe haben ein zweites Revier, wir kriegen ein zweites Rudel!«

Warten auf den Grauen. Noch hat Holger keinen einzigen der Lausitzer Wölfe gesehen.

18. KAPITEL

WILD UND WOLF

April 2003: Franz Graf von Plettenberg, Forstamtsleiter des Bundesforstes Lausitz, freut sich. Bislang, so gesteht er, habe er ja nur neugierig rübergeschaut zum Kollegen Rolf Röder im nachbarlichen Bundesforst Muskauer Heide. Wölfe, die würde der 40-jährige Forstmann auch gern auf dem westlichen Teil des Truppenübungsplatzes, südlich des Ortes Neustadt, sehen. Denn dort ist er seit 1999 für Wild und Wald verantwortlich. »Wölfe sind einfach ausgesprochen interessante Tiere.« Jetzt endlich sieht es ganz so aus, dass die Raubtiere auch in seinen Revieren leben: eines ganz sicher, wahrscheinlich sogar zwei.

In dem kleinen Raum des Bundesforstamtes Muskauer Heide ist jeder Stuhl besetzt. Dicht an dicht sitzen Bundesförster und Revierleiter. Je mehr Wölfe in der Oberlausitz leben, desto größer wird insgesamt ihr Streifgebiet und desto mehr Forstämter von Bund und Land sind für sie zuständig. Rolf Röder hat entsprechend reagiert und die Nachbarn zu einem Vortrag der Biologin Gesa Kluth gleich mit eingeladen. »Wildbiologisches Büro LUPUS« heißt inzwischen ganz offiziell die Wirkungsstätte von Gesa und Kollegin Ilka, in der sie im Auftrag des Sächsischen Umweltministeriums das Wolfsmanagement in der Oberlausitz ausführen.

»Hier«, Gesa schwingt den Zeigestab und zieht einen großen Kreis auf der Karte, rings um Forst Weißwasser, den Tagebau Nochten bis zur Neustädter Heide und dem Speicherbecken Lohsa, »liegt das neue Revier. Es deutet alles darauf hin, dass sich zwei Wölfe in dieser Region angesiedelt haben. Einige von Ihnen haben dort ja in den letzten Wochen auch immer mal wieder einen Wolf gesehen.« Sie lächelt den Bundesförstern zu, die aufmerksam ihrem Vortrag zuhören.

Auf einem Fernsehbildschirm in der Ecke sieht man einen Jungwolf ins hohe Gras springen, sich umdrehen, weglaufen – springen, sich umdrehen, weglaufen: Der mit der Kamera eingefangene Mäusefänger in Endlosschleife ... Inzwischen ist er als Schafsmörder in die Schlagzeilen geraten, ist anderthalb Jahre älter und läuft vielleicht noch immer rings um Mühlrose herum. Oder er ist abgewandert mit unbekanntem Ziel. Gesa und Ilka wissen es nicht. Sie wissen nur, dass von der Viererbande mindestens zwei verschwunden sind. »Damals zur Zeit der Schafsrisse«, erzählt Gesa ihren Zuhörern, »haben wir immer drei bis vier Wölfe gesehen. Das waren mit großer Wahrscheinlichkeit die Welpen aus dem Jahr 2000. Jetzt finden wir aber nur noch zwei Spuren, die von einem recht kleinen Tier, wahrscheinlich einer Wölfin, und manchmal auch von einem etwas größeren Tier.« Für Gesa ist das ein klares Indiz, dass die Zeit des gemeinsamen Herumstreifens für die Geschwister vorbei ist.

Einen Partner zu finden, Nachwuchs zu erzeugen und so ein neues Rudel zu gründen ist im Geschwister-Quartett kaum möglich. Die Biologinnen sind daher nicht erstaunt, dass ihre Beobachtungen auf Trennung hindeuten. Aber wer gegangen und wer geblieben ist, das wissen sie nicht. Sie sind sich so gut wie sicher, dass zumindest eines der Tiere ein Sohn oder eine Tochter der Muskauer Wölfe ist. Aber wer genau? »Ist es eines der vier Geschwister des Jahrgangs 2000 mit einem fremden Partner? Oder sind es zwei Geschwister, die auf einen Partner hoffen?« Fragend blickt Gesa in die Runde. Doch trotz engagierter Mitarbeit aus den Reihen der Bundesförster, ohne deren Hinweise die Biologinnen ihre Arbeit kaum machen könnten, müssen auch ihre Zuhörer hier passen. Denn keiner der Wölfe trägt einen Sender oder hat eine eindeutige Markierung. Je mehr Generationen auf dem Truppenübungsplatz geboren

Wo Truppenübungsplatz an Tagebau stößt, grenzen auch die beiden Wolfsreviere aneinander.

Ein mächtiger Rothirsch, die Freude jeden Jägers. Der Wolf bevorzugt jüngere oder weibliche Stücke.

werden, umso schwerer ist es, einzelne Tiere zu identifizieren. Schon mit zehn Monaten können Jungtiere so große Pfoten wie die Alten haben.

»Die Situation wird immer unübersichtlicher«, sagt Gesa und rekapituliert noch einmal die Ereignisse. Im Jahr 2000 haben die Wölfe vier Welpen geworfen, von denen nun wahrscheinlich ein bis zwei ein neues Revier bei Neustadt besetzen. 2001 ziehen die Muskauer Elterntiere erneut mindestens zwei Welpen groß. Sie wurden im August des Jahres von einem Revierförster gesehen. Diese Tiere sind inzwischen ebenfalls so alt, dass sie zum Zeitpunkt von Gesas Vortrag im April 2003 auf dem besten Wege sind, sich abzusetzen. Daher könnten sich theoretisch auch sie hinter den neuen Revierbesetzern verbergen. Im Frühjahr 2002 sind vermutlich wiederum mindestens drei Welpen geboren worden. Die allerdings, so glauben die Biologinnen, werden sich kaum schon so weit von den Eltern entfernt haben und ein neues Revier gründen. Doch völlig ausgeschlossen ist selbst das nicht. Die Fachliteratur berichtet von Fällen, in denen Jungwölfe bereits mit zehn Monaten die Eltern verlassen.

Keiner findet an diesem Abend die Antwort auf die Frage, wer da rings um Neustadt herumstreift und ob tatsächlich passieren wird, was zu diesem Zeitpunkt wohl fast alle im Vortragsraum des Bundesforstamts Versammelten hoffen: dass die neuen Revierbesetzer ein zweites Rudel in Sachsen gründen.

Gesa wechselt das Thema, wendet sich den großen Geschäften der Wölfe zu: In den vergangenen zwei Jahren hat sie knapp zweihundert Kotproben gesammelt, in das Görlitzer Naturkundemuseum gebracht und zusammen mit dem dortigen Kurator in wochenlanger Feinarbeit genau analysiert – eine haarige Angelegenheit.

Während noch immer der Mäusefänger auf dem Bildschirm in der Ecke seine Sprünge macht, präsentiert Gesa ein ganz anderes Bild vom Raubtier Wolf – eines, das der Wahrheit deutlich näher kommt.

Zuerst haben sich die Biologen angeschaut, welche Tierreste in den Kotproben wie häufig vorkamen. Eines war dabei schnell klar: Die Wölfe Sachsens ernähren sich fast ausnahmslos von großen Huftieren. Damit verhalten sie sich genau wie ihre Artgenossen anderswo in Mittel- und Nordeuropa. Nur in den Mittelmeerländern, in denen verhältnismäßig wenig Wild lebt, weichen Wölfe auch auf Abfall aus. Sachsens Wölfe hatten, das besagen die Kotanalysen, nur ein einziges Mal von irgendwo her ein gebratenes Huhn stibitzt. Ansonsten jagen und fressen sie das, was an großen Wildtieren in der Muskauer Heide lebt: Rehe, Rothirsche und Wildschweine. Feldhasen bereichern den Speisezettel ledig-

Trügerische Schönheit: Hinter der Düne klafft ein riesiger Krater des Tagebaus bei Nochten.

Wölfe erreichen bei kurzen Sprints mehr als sechzig Stundenkilometer. Doch oft ist das Wild noch schneller.

lich ausnahmsweise, und mit noch kleineren Säugetieren gibt sich der große Räuber nur äußerst selten ab. Auch die wilden Mufflonschafe kommen in der Losung kaum vor. Das allerdings ist kein Hinweis darauf, dass sie dem Wolf nicht schmecken, eher im Gegenteil: Es sind keine mehr da, die Wölfe haben sie gefressen. Etwa vierzig der 1976 eingebürgerten Wildschafe wurden früher in der Muskauer Heide jährlich abgeschossen, im Jahr 1999 waren sie dort bereits verschwunden, im Laufe des Jahres 2001 auch in den angrenzenden Forstrevieren.

Natürlich interessiert Förster und Jäger am meisten, wie viele Tiere einer Wildart ein Wolf frisst. Müssen sie den Wolf eventuell bei der Planung ihres Abschusses einkalkulieren?

Um das zu schätzen, gehen die Fachleute einige rechnerische Umwege. In einem Wolfshaufen stecken gewöhnlich keine ganzen Tiere, sondern nur eine verquirlte Masse aus Haaren, Knochen- und Hufsplittern, Federn, Zähnen und anderen unverdaulichen Resten. Erfahrene Spezialisten wissen diese Reste Tierarten zuzuordnen und können so feststellen, wie häufig welche Tiere in der Losung auftreten. »In fast der

Hälfte aller Losungen kamen Rehreste vor«, erzählt Gesa den Förstern, »in etwa einem Drittel Rothirsch und in etwa einem Viertel Wildschwein.« Die Biologen vermuten deshalb, dass Rehe häufiger gefressen werden als Rothirsche und die wiederum häufiger als Wildschweine. Im Winter ist diese Reihenfolge ganz offensichtlich. Im Sommer hingegen ernähren sich die Wölfe fast genauso oft von Schwarz- wie von Rotwild. Der Grund ist einfach: Ausgewachsene Schwarzkittel sind wehrhaft und selbst für einen Wolf nicht ganz einfach zu erlegen. Im Frühling und Sommer jedoch, wenn die Bachen ihre Jungen führen, ist so ein »Frischling« – ein kleines Wildschwein – relativ leicht zu fangen. Das Reh steht das ganze Jahr über ganz oben auf dem Speisezettel.

Die Fachleute benutzen dann ein Rechenmodell, um ungefähr abschätzen zu können, wie viel Masse an Reh-, Rot- und Schwarzwildfleisch in all den Losungen steckt, und nähern sich so dem, was die Förster und Jäger eigentlich interessiert: Wie viel frisst so ein Wolf?

Laut Literatur vertilgt er im Mittel 3,5 Kilo Fleisch pro Tag. Um abzuschätzen, was das an Tieren bedeuten könnte, mussten die Biologen zuerst deren Gewichte ermitteln. Denn in hundert Kilo Rehfleisch stecken deutlich mehr Rehe als Hirsche in hundert Kilo Hirschfleisch – schlicht deshalb, weil Rehe deutlich kleiner und leichter sind. Um so genau wie möglich zu sein, haben sich die Biologen nicht auf Literaturwerte verlassen, sondern einen Durchschnitt aus den in der Muskauer Heide in einem Jahr erlegten Tieren errechnet. Gesa fasst schließlich das Endergebnis dieser ganzen Reihe von Rechenschritten zusammen:

Ergebnis der Losungsanalyse: Rehe und Hirsche sind beliebt, Mäuse gar nicht.

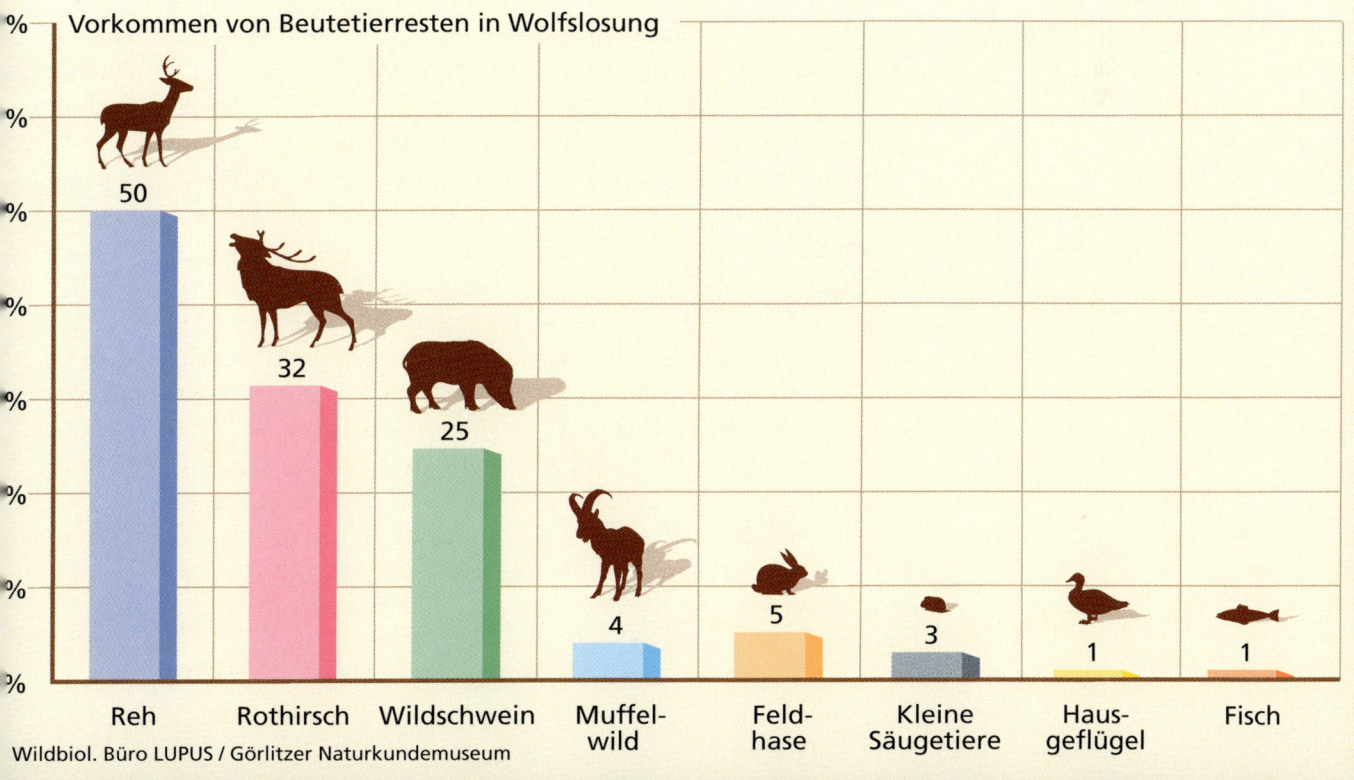

Vorkommen von Beutetierresten in Wolfslosung

Reh	Rothirsch	Wildschwein	Muffelwild	Feldhase	Kleine Säugetiere	Hausgeflügel	Fisch
50	32	25	4	5	3	1	1

Wildbiol. Büro LUPUS / Görlitzer Naturkundemuseum

Im Frühling sind die kleinen Frischlinge für den Wolf eine leichte Beute.

»Wenn wir von fünf erwachsenen Wölfen und einem Revier von dreihundert Quadratkilometern ausgehen, dann frisst dieses Rudel übers Jahr – rein rechnerisch – etwa hundertdreißig Rehe, vierzig Rothirsche und zwanzig Wildschweine.« Ob das Rechenmodell, das im Übrigen nur eines von vielen ist, der Wirklichkeit entspricht, weiß niemand. Vielleicht reißen die Wölfe mehr, weil ihnen Adler und Raben einen beträchtlichen Teil wegfressen. Vielleicht jagen sie weniger, weil sie angefahrene oder angeschossene Tiere finden.

Bundesförster Rolf Röder freut sich: »Dann ist meine Milchmädchen-Rechnung ja aufgegangen«, meint er. So Pi-mal-Daumen sei er auch auf vierzig Stück Rotwild gekommen. Und fährt, ernster werdend, fort: »Wir sind allerdings auf dem Holzweg, wenn wir jetzt denken: Die Wölfe fressen vierzig Stück Rotwild, also müssen wir auch vierzig weniger schießen.« Von 1991 bis 2003 haben sich die Abschusszahlen von Rot- und Schwarzwild in der Muskauer Heide kontinuierlich erhöht, von vierundneunzig auf zweihundertfünfundzwanzig bzw. von unter sechzig auf hundertachtundfünfzig Stück. Die Wölfe, die hier seit fast acht

Jahren jagen, haben nicht verhindern können, dass die Rothirsche und Wildschweine in der Region insgesamt immer mehr wurden.

Das Bundesforstamt ist, ebenso wie private Jagdpächter, gehalten, jedes Jahr einen Abschussplan einzureichen. Der richtet sich in der Regel nach dem, was man im Jahr zuvor geschossen hat. Denn kein Jäger oder Förster kann genau wissen, wie viel Wild er tatsächlich in seinen Revieren hat, weil sich die Tiere frei über die Grenzen hinweg bewegen. Er kann es nur schätzen.

Der Hauptgrund für diese Auflage sind die immensen Schälschäden an Bäumen, die durch Wildtiere entstehen. Auch Jungwuchs kommt nur schwer hoch, und Schutzzäune sind teuer. Sachverständige prüfen im Auftrag des Landes Sachsen alle drei Jahre in allen größeren Wäldern Verbiss- und Schälschäden. Als Faustregel gilt dabei, dass überall dort, wo mehr als ein Fünftel der Bäume geschädigt sind, der Wildbestand zu hoch ist und der Abschuss erhöht werden muss. Die Muskauer Heide, eine Region mit einem vergleichsweise sehr hohen Rotwildbestand, ist da keine Ausnahme.

Rolf Röder hält eine Wilddichte von zwei bis drei Stück Rotwild auf hundert Hektar für vertretbar. Wenn in den sieben Revieren der Muskauer Heide wirklich nur so viele Rothirsche leben würden, dann, so rechnet er vor, dürfte man allenfalls hundert Stück pro Jahr schießen, um den Bestand nicht zu gefährden. Fakt ist, dass schon seit Jahren weit mehr Tiere geschossen werden, also – so Röders Schlussfolgerung – müssen auch mehr da sein, mehr als sein Wald verträgt. Von einem

Wolfslosung hat es in sich. Genaue Analyse verrät, was dem Grauen schmeckt.

Ilka untersucht einen gerissenen Rehbock. An den Wunden kann sie erkennen, wer ihn getötet hat: ein Wolf.

Jagdwertverlust der Reviere durch den Wolf, wie ihn einige Jäger befürchten, könne keine Rede sein. Für den Leiter des Bundesforstamtes gibt es gar keinen Grund, künftig weniger Wild zu erlegen. »Der Wolf«, so sagt er, »ist dabei ein willkommener Jagdpartner.«

Ein Jagdpartner, der offenbar nur äußerst selten seinen Pflichten untreu wird. So spektakulär die Angriffe der jungen Wölfe auf die Mühlrosener Schafe auch gewesen sind, so selten kommen sie vor. In keiner der Losungen fanden die Biologen Reste von Haustieren, Mäuse allerdings auch so gut wie keine.

Gesa zeigt auf den Fernsehbildschirm, auf dem noch immer der Mäusefänger seine Runden springt, und grinst: »Die Theorie, dass ein Wolf nur von Mäusen lebt und da auch nur von den schwachen und kranken, die müssen wir wohl über Bord werfen.« Uwe Anders´ Fernsehbilder sind offenbar auch in dieser Hinsicht eine Sensation.

19. KAPITEL

EINE WÖLFIN KOMMT AUF DEN HUND

März 2003: Als er sie freundlich mit der Nase an die Schulter stupst, schnappt sie zu. Nicht heftig, nicht verletzend – doch unmissverständlich. Er soll Abstand halten. Seit Tagen ist die Schwester jetzt schon zickig, ganz anders als in den Wochen davor. Gemeinsam sind sie nachts über den Sand der Abraumhalde gelaufen, durch Wald und Heidekraut, haben Rehe, junge Hirsche und Wildschweine gejagt, haben die Tage im Kiefernforst verbracht, manchmal, wenn es kalt war, dicht beieinander liegend. Zu viert waren sie zuerst gewesen, haben vor vielen Monaten Schafe gerissen und die Lektion gelernt, dass der Zaun um die verlockende Herde schmerzhaft schlägt. Dem weißen Band oben drauf trauen sie nicht, kennen es nicht, wagen nicht, darunter durchzukriechen oder darüber hinweg zu springen.

Jetzt, im März, sind die Schafe schon lange weg. An manchen Grasbüscheln hängt noch ihr Geruch, doch er wird schwächer von Woche zu Woche. Aber zwei Wölfe laufen noch immer über die verwaiste Weide, der Weg ist ihre Routine, der Wechsel von Tageseinstand zum Jagdgebiet. Die anderen zwei Geschwister sind weiter gewandert, auf der Suche nach Partnern und einem Revier.

Die zierliche Wölfin will nicht weiterziehen, es gibt reichlich Wild und Raum. Im Kiefernforst hinter dem Dörfchen Neustadt finden sie und der Bruder genügend ruhige Plätze, um den Tag zu verbringen.

Aus den Eltern sind Nachbarn geworden, aus den Schutz- und Nahrungsspendern Konkurrenten, die sie auf Abstand halten will. Zusammen mit dem Bruder steckt sie ihr Territorium ab, pinkelt mit gehobenem Bein fast so erfolgreich wie der Rüde. Besonders an der Straße, die ihr Revier vom elterlichen trennt, setzen die beiden ihre gelben Marken in den Sand oder Schnee. Die junge Wölfin braucht ihr eigenes Revier mit eigener Beute, wenn sie erfolgreich eine Familie satt bekommen will. Und darum geht es ihr. Der Bruder ist nicht immer an ihrer Seite, oft sind die beiden jeder für sich unterwegs. Doch er ist meist nicht

Schnauze an Schnauze:
So begrüßen sich Wölfe
untereinander und teilen
sich ihre friedlichen Absichten
mit.

weit, ist im Revier, man trifft sich, verbringt manchmal den Tag zusammen, jagt auch mal gemeinsam. Seine Anwesenheit tut der Wölfin, von Natur aus auf Gesellschaft und nicht auf Einsiedlertum gepolt, einfach gut. Doch ein Vater für ihre Jungen ist der Bruder nicht.

Es ist etwas an ihm, das sie nicht riechen kann, wenn sie in Paarungsstimmung ist. Dieser Stallgeruch, der ihm anhängt und ihr sagt, der andere ist von deiner Sippe. Der unverkennbar ist und ihr die enge Verwandtschaft auch verräte, wenn sie den Bruder noch nie zuvor gesehen oder gerochen hätte. Der selbst dann noch wirksam ist, wenn das Geschwister einem viel späteren oder früheren Wurf entstammt, unabhängig davon, ob sie ihm je begegnet ist.

Erst ganz allmählich beginnen Wissenschaftler das Rätsel zu lösen, warum so viele Tiere um ihre Verwandtschaft einen Bogen machen, wenn es um Sex geht. Sie haben bestimmte Proteine im Verdacht, die in jeder Körperzelle sitzen und dem Immunsystem signalisieren: eigen oder fremd. Denn das soll Eindringlinge wie Krankheitserreger erkennen und unschädlich machen. Dazu muss es zwischen »fremd« und

»selbst« unterscheiden können. Diese Erkennungsproteine auf den Zelloberflächen sind bei allen Lebewesen verschieden. Das liegt daran, dass sie aus mehreren Bausteinen zusammengesetzt sind, für deren Struktur wiederum ganz verschiedene Gene verantwortlich sind. Je gemischter die Gene, desto gemischter auch das Protein und desto mehr verschiedene fremde Eindringlinge wie Viren und andere Krankheitserreger werden erkannt. Je unterschiedlicher also die Gene der Eltern sind, desto wirksamer arbeitet später das Immunsystem des Sprösslings – und auf gesunde Kinder kommt es an, wenn man sich erfolgreich fortpflanzen will.

Bei Mäusen ist schon lange bekannt, dass sich Verwandte am Stallgeruch erkennen und bei der Paarung meiden. Die Wächterproteine auf den Zelloberflächen beeinflussen den Körpergeruch des Tieres, so dass die Mäuse riechen, wer ihrer Sippe entspringt. Selbst bei Menschen wirkt dieses System: Frauen sind positiv angetan von dem Geruch durchschwitzter T-Shirts, wenn der Träger ein fremder Mann ist, lehnen ihn hingegen ab, wenn das Kleidungsstück von einem Verwandten stammt.

Ob das auch bei Wölfen so funktioniert, weiß keiner, doch ausgeschlossen ist es nicht. Zwar akzeptieren sie etwa auf Inseln, dort, wo sie keine Auswahl haben, immer mal wieder Eltern oder Geschwister als Partner. Doch in der Regel tun sie alles, um Inzucht zu vermeiden. Sie verlassen das Rudel, um anderswo auf fremdes Blut zu treffen, auf Einzelgänger wie sie oder auf Witwer und Witwen. Sex in der Familie ist

Geschwister sind sich in der Regel wohl gesonnen. Aber als Paarungspartner dulden sie einander nicht.

25. 7:3

*Durch Lichtschranke aus-
gelöstes Foto der einsamen
Wölfin. Zur Ranzzeit hören
sie die Neustädter oft heulen.*

nur dann kein Tabu, wenn Vater oder Mutter sterben und der zurückge-
bliebene Elternteil sich einen neuen Partner sucht. Dann mag sich Stief-
vater mit Stieftocher paaren oder Stiefsohn mit Stiefmutter.

Auch die »Neustädter Wölfin«, wie die Biologinnen sie wegen ihrer
Revierwahl rings um den Ort Neustadt inzwischen nennen, hat keine
Ambitionen, den Bruder als Partner anzunehmen. Es ist März, die Zeit
der Wolfsranz, und sie ist zur Paarung bereit. Die Hormone bringen sie
in Stimmung, aber dem Bruder weicht sie aus. Sie streift durch ihr
Revier, heult ihren Wunsch in die abendliche Stille – doch es antworten
allenfalls die altbekannten Stimmen. Außer den Eltern, ihren jüngeren
Geschwistern in deren Rudel und dem Bruder an ihrer Seite gibt es
keinen Wolf im Land.

Eines Abends, nicht weit vom Dorf entfernt, läuft ihr dann doch ein
Fremder über den Weg. Er riecht anders als ein Wolf, bewegt sich anders, hat eine andere Stimme – die Wölfin weist seine Annäherungs-
versuche ab. Drei Tage später ist er wieder da, streicht um sie herum.
Sie ist hin und her gerissen, er passt ihr nicht, ist keiner von ihrer Art.

Wolfshochzeit. Ein fremder Rüde wäre auch für die Neustädter Wölfin ein willkommener Partner.

Doch ihre Hormone lassen sie zögern, ihre Suche nach einem Partner war nun so lange schon erfolglos. Ihre Abweisung wird schwächer. An diesem Abend heult die Wölfin nicht ihren einsamen Ruf in die Dunkelheit. Sie verbringt die Nacht mit einem Hund.

20. KAPITEL

WOLFSCAMP IM WOLFSLAND

Ende Februar 2003: Bei Mühlrose ist ein ganzes Wolfsrudel unterwegs. Fünf Wölfe stürmen am helllichten Tag über das verschneite Feld und heulen aus vollen Kehlen. Plötzlich schlägt das Heulen in Lachen um ... Stephan, Marcel, Mandy, Albrecht und Christian sind zufrieden, sie haben ihre Aufgabe als »Wolfsrudel« geschafft. Gemeinsam an einem Strick ziehend, haben sie das »Wild«, ihren Betreuer Karsten Nitsch, gestellt. Jetzt heißt es, den beiden konkurrierenden »Rudeln« lautstark zu zeigen, wo ihre Reviergrenzen sind. Mirko setzt sicherheitshalber noch Markierungen an einige Grasbüschel, den empfindlichen Schülernasen zuliebe mit Haarspray statt mit Wolfsurin.

Ein runder Button mit einem Wolfskopf an den Parkas und Anoraks der Schüler kennzeichnet die fünf als Teilnehmer des »Wolfscamp Lausitz 2003«. Seit über fünf Jahren führt der Umweltpädagoge Karsten Nitsch in der Lausitz mehrtägige Erlebniscamps für Kinder und Jugendliche durch, in denen er den jungen Teilnehmern die Natur seiner Heimat nahe bringen will. »Mir ist wichtig, dass junge Menschen schon früh eine Beziehung zu der Region bekommen, in der sie leben. Dann setzen sie sich vielleicht später eher für den Schutz der Natur ein«, sagt Karsten. »Das ist im Grunde viel wichtiger, als mit ihnen weite Reisen in ferne Länder zu unternehmen, und kann genauso spannend sein.«

Die Jugendlichen wohnen in Zelten auf einer Wiese hinter seinem Haus in Neustadt oder, wie jetzt im Winter, in Bauwagen, basteln, werken, schreiben, führen Theaterstücke auf – stets mit einem Themenschwerpunk zu Natur und Umwelt: Mal geht es um Amphibien, mal um die kleine Haselmaus, mal um den Wald – und jetzt zum ersten Mal um den Wolf. »Die Rückkehr der Wölfe ist auch für meine Arbeit ein wirklicher Glücksfall. Das Thema Wolf kommt bei fast allen Jugendlichen an, damit kann man sie wirklich begeistern.«

Spielerisch wollen die insgesamt zwanzig Jugendlichen, die teilweise aus Dresden, teilweise aus der Lausitz kommen, die Welt der Wölfe erfah-

ren. Wie fängt ein Wolf Beute, wie markiert er sein Revier, wie verständigt er sich mit Seinesgleichen? Und wie wird man zum Alphawolf?

All diese Fragen hat die Biologin Ilka den Jugendlichen bereits am Abend zuvor in einem Diavortrag beantwortet, zumindest theoretisch. In der Praxis finden die Jugendlichen es zu langweilig, einfach den Ältesten, wie unter echten Wölfen üblich, zum Leitwolf zu kreieren. Also denken sie sich eine spannendere Variante aus. Jeder »Wolf« im Rudel muss sein Können unter Beweis stellen. Auf Geschicklichkeit, Kraft und ein gutes Gespür kommt es im Wolfsleben an. Wer also schafft es am häufigsten, mit einem Ball einen kleinen Becher von einem Erdhügel zu stoßen? Wer hat genügend Kraft, um einen fünfzehn Kilo schweren Stein hundert Meter weit zu tragen? Und wer erkennt fehlerfrei die Spuren von Marder, Fuchs, Reh und Hund?

Mirko, Mandy und Sebastian schneiden schließlich am besten ab und müssen nun als Leitwölfe der drei Rudel gegeneinander antreten.

Auf los geht's los ... und schon stürmen die drei über das Feld, springen über einen Graben, einen Hügel hinauf und hinab, zwischen Bäumen hindurch. Mandy lässt die beiden Jungen knapp hinter sich und präsentiert ihrem Rudel stolz den Fang: zwei Tafeln Schokolade. Auch die anderen Rudelteilnehmer dürfen von der süßen Beute kosten – Wölfe sind schließlich sozial!

Am nächsten Tag sind die jungen Menschen wieder bei Mühlrose unterwegs. Diesmal wollen sie sich nicht als »Wölfe« üben, sondern unter der kundigen Führung von Ilka Reinhardt als Spurenleser. Es ist nasskalt, die schweren Stiefel knirschen über den vereisten Schnee. Schon sehr schnell hat Ilka eine Spur gefunden. »Der hat die Hinterpfote in den Abdruck der Vorderpfote gesetzt. Das sieht aus wie ein Abdruck, es sind aber zwei«, erklärt Ilka. Die Spuren sehen verwaschen aus, sind aufgetaut und wieder gefroren. Sie wirken dadurch breiter. Ilka kann daran ablesen, dass der Wolf vor mindestens vierundzwanzig Stunden hier gewesen sein muss. Am Tag zuvor hatte es stark getaut, am Abend dann wieder gefroren.

»Und die hier«, fragt ein Mädchen, »ist die frischer? Die ist viel deutlicher.« Ilka bestätigt die Vermutung. »Die ist erst heute Nacht entstanden. Wenn sie gestern Morgen schon da gewesen wäre, wäre sie jetzt breiter und nicht mehr so deutlich.« Sie zückt ihren Zollstock und hockt sich neben die Spur.

»Misst man die mit den Krallen?«, fragt ein Schüler und guckt ihr über die Schulter.

»Nein, immer ohne«, erklärt Ilka und legt den Zollstock an. »Von den Vorderzehen bis zum Ende des hinteren Ballens – das sind acht Zentimeter bei diesem Wolf. Ziemlich klein für ein ausgewachsenes

Wie heult ein Wolf? Was frisst ein Wolf? Wie läuft ein Wolf? Auf alle Fragen gab es Antwort im Neustädter Wolfscamp.

Tier, meistens sind sie so zwischen neun und zehn Zentimetern.« Sie deutet auf feine Schleifspuren zwischen den Abdrücken. »Das kommt von den Krallen. Wölfe schlurfen manchmal so vor sich hin, heben die Füße nicht richtig.«

»Dass du das alles sehen kannst«, staunt einer der jungen Teilnehmer.

»Wenn du so oft Spuren gesehen hättest wie ich, dann könntest du das auch«, ermuntert Ilka. Sie steht auf, schaut über die ganze Spur: »Ein geschnürter Trab, so nennt man das.« Sie geht ein paar Schritte weiter. »Und hier hat er gestoppt, hat ein bisschen überlegt, wo geh ich jetzt hin? Und dann ist er wieder los, da rüber.« Sie zeigt mit dem Zollstock über die Tagebaulandschaft.

Mit klammen Fingern notiert ein junges Mädchen in ihre Kladde: »Wolfsspur, geschnürter Trab, Fundzeit: 20. Februar, 14:30 Uhr. Fundort: Hochkippe Nochten/Lausitz.« Rings um sie herum klicken die Fotoapparate. Jeder möchte ein Bild von einer echten Wolfsspur mit nach Hause bringen.

»Hier ist noch eine, von einem ganz kleinen Wolf«, ruft ein Schüler.

Ilka kommt näher. »Das ist ein Fuchs«, klärt sie auf, »aber es stimmt schon, im Prinzip sehen die genauso aus wie von einem kleinen Wolf.«

»Und ist der jetzt auch geschnürt, oder wie das heißt?«, fragt der Junge.

Ilka legt den Zollstock an. »Der ist wahrscheinlich galoppiert. Dann sind die Spuren auch ziemlich geradlinig, aber die Abstände zwischen den Abdrücken sind größer. «

Anhand der Spuren von ihrem Weimaraner Jacques erklärt Ilka den

Die Kinder von heute bestimmen die Zukunft der Wölfe von morgen.

Unterschied zwischen Hunde- zu Wolfs- und Fuchspfoten: Die beiden Wildtiere haben länglichere Pfoten als Hunde, die vorderen Zehenballen sind deutlicher vom großen Hinterballen abgesetzt, die Krallenabdrücke oft besser zu sehen, die Fährten meist viel geradliniger. Ilka legt einen Zollstock quer zum Abdruck. »Es gibt eine Faustregel«, erklärt sie. »Wenn der Stock die hinteren und vorderen Ballen schneidet, so wie bei Jacques' Abdruck, dann ist es in der Regel ein Hund. Wenn nicht, handelt es sich um einen Wolf, denn da ist mehr Raum zwischen Vorder- und Hinterballen.« Doch schon während sie den Zollstock wieder zusammenklappt, schränkt die Biologin ein: »Es gibt immer wieder Grenzfälle.« Nicht immer lasse sich völlig eindeutig klären, ob ein Wolf oder ein großer Hund unterwegs gewesen sei, Huskies zum Beispiel hätten sehr wolfsähnliche Pfotenabdrücke. »Deshalb ist es so schwer, Wölfe eindeutig hier in Deutschland nachzuweisen. Es gibt einfach zu viele herumlaufende Hunde. Und die meisten Menschen kennen Wolfsspuren ja nicht, können sie gar nicht kennen. Dann rufen sie bei uns an, aus Brandenburg oder Mecklenburg zum Beispiel, und erzählen ganz begeistert, sie hätten eine Wolfsspur gesehen. Und wenn wir dann hinkommen, waren es leider nur Hunde.« Ilka steht auf. »Es müssten einfach mehr Menschen ausgebildet werden, Wolfsspuren eindeutig zu lesen«, sagt sie und lacht. »So wie ihr!«

Durchgefroren kommen die zwanzig Spurenleser am späten Nachmittag wieder im Camp an. Holger Vogt, der ihre Exkursion mit der Kamera begleitet hat, zeigt den Jugendlichen am Abend seinen ersten Film, führt ihnen den »bösen Wolf« als Mäusefänger vor. Dass ein Wolf auch so kleine Tiere fängt, ist vielen völlig neu. Allerdings tut er das ja auch nur äußerst selten.

Als die zwanzig zwei Tage später nach Hause fahren müssen, herrscht Katerstimmung. Sie haben sich prima verstanden, die Erlebnisse in der Natur waren eine echte Abwechslung, einfach mal was ganz anderes. Und sie haben viel über ein Tier gelernt, das sie auch schon vorher fasziniert hat, über das sie schon viel gehört und gelesen haben und über das sie doch noch nicht viel wussten. Und das sie vor allem noch nie so nah erlebt haben wie jetzt als Spurenleser auf dem Tagebau.

Karsten Nitsch und die beiden Biologinnen haben mit ihrem ersten Wolfscamp einen Grundstein gelegt: Stephan, Marcel, Mandy und all die anderen werden von nun an nicht mehr auf Märchen vom bösen Wolf hereinfallen – wer immer sie verbreitet. Sie wissen es jetzt besser!

Wölfe (Abdruck oben) haben meist schmälere Pfoten als Hunde, und ihre Krallen zeichnen sich besser ab.

21. KAPITEL

HERZLICH WILLKOMMEN, FALKO

April 2003: »Da sind ja die zwei!« Schäfer Andreas Hauswald greift entschlossen in die Transportkiste, klemmt sich einen der wuschelig weißen Welpen unter den Arm, einen zweiten unter den anderen. Und damit wechseln zwei Pyrenäenberghunde, Falko und Dux, den Besitzer. An Hauswalds Seite geht ein junger Mann mit einer Baskenmütze auf dem dunklen Haar. Jean-Marc Landry, Herdenschutzhund-Experte in der Schweiz, hat die jungen Hunde den langen Weg bis an Sachsens Grenze gebracht. Er betreut in dem Alpenland ein Herdenschutzprojekt, hat Kontakt mit Züchtern und Schäfern und die beiden Welpen speziell für den Schäfer ausgesucht. Jetzt, mit acht Wochen, sind sie alt genug, um auf ihre Aufgabe vorbereitet zu werden: Schafe vor Raubtieren, streunenden Hunden und Dieben zu schützen.

Falko windet sich, will sich dem starken Arm des Schäfers entziehen, doch es gelingt ihm nicht, fest hat ihn Hauswald im Griff. Gemeinsam geht es in den Stall. 750 Bentheimer Landschafe blöken Männern und Hunden entgegen, kein Wort ist zu verstehen. Vorsichtig setzt der Schäfer die Kleinen in einen Pferch mit Lämmern und Mutterschafen. Und schon mischt sich in das Blöken ein neuer, durchdringender Ton: das Jaulen von zwei verschüchterten Welpen. Sie kennen Schafe von Geburt an, haben ihr gesamtes bisheriges Leben mit ihnen verbracht. Aber diese sehen anders aus, riechen anders – und vor allem: Sie kennen die Hunde nicht. Die Mütter verteidigen ihre Lämmer, stoßen nach den tollpatschigen Welpen, die jetzt schon fast so groß sind wie ein Lamm. Das verstehen die kleinen Hunde nicht, sie drängen durch die Eisenstangen über der Krippe, wollen raus zu Jean-Marc Landry, dem einzigen Lebewesen, das sie in diesem wilden Haufen kennen. Landry und Hauswald steigen in den Pferch, beruhigen die Welpen. Die sind neugierig, immer wieder zieht es sie zu den Schafen hin. Die Lämmer kommen ihnen entgegen, Nase an Nase nehmen Hunde- und Schafkinder ersten Kontakt miteinander auf. Schafe sind für die Hunde

Kumpane, ihre Familie, auf sie sind sie geprägt. Eine Prägung, die in den folgenden Wochen noch intensiver werden soll, eine Bindung, die noch enger werden wird.

Schon seit Jahrhunderten helfen Herdenschutzhunde den Menschen, ihre Nutztiere vor Raubtieren zu schützen – eine Tradition, die in vielen Ländern Ost- und Südeuropas, in Asien und Afrika noch heute weit verbreitet ist. Seit der Mensch Nutztiere hält und züchtet, hat er das Problem, sein Vieh vor Raubtieren zu schützen. Die gehüteten, domestizierten Nutztiere sind bei weitem nicht mehr so wehrhaft wie ihre wilden Ahnen. Aggression und Fluchtverhalten wurden ihnen nach und nach abgezüchtet.

Immer wieder gingen den Menschen Schafe, Ziegen oder Rinder an wilde Raubtiere verloren. So züchteten sie einen Hundetyp, der ihre Herden wirksam schützt. Wachsam muss er sein und verteidigungsbereit bei seiner »Familie«. Und diese Familie sind Schafe, Ziegen oder Rinder. Zuverlässig muss er sein, ohne Trieb zum Jagen, und aufmerksam, um rasch auf ungewöhnliche Ereignisse zu reagieren. Je nach Klima, Landschaft, Vieh und Raubtieren haben sich so weltweit verschiedenste Hunderassen entwickelt. Die meisten von ihnen sind groß und kräftig, um es erfolgreich mit Raubtieren aufnehmen zu können.

Falko und Dux werden ausgewachsen zwischen 55 und 70 Kilogramm wiegen und eine Schulterhöhe von 70 bis 80 Zentimeter erreichen. Ein Schaf werden sie dann um eine ganze Kopflänge überragen. Doch jetzt sind sie noch weit davon entfernt. Empört klagen die beiden,

Der kleine Falko hat von Geburt an unter Schafen gelebt. So lernt er, sie als seine Kumpane anzusehen und später zu verteidigen.

*In den Schweizer Bergen
weiden Schafe oft freilaufend
auf den Almen. So werden sie
zur leichten Beute für Wölfe.*

wenn wieder mal ein Mutterschaf sie von den Lämmern wegstößt. Landry und Hauswald trennen die Welpen erst einmal von den Schafen, setzen sie abseits in einen Pferch. Es wird wohl noch dauern, bis die Tiere sich aneinander gewöhnt haben.

»Vielleicht lasse ich sie am besten nur mit den Lämmern großwerden«, schlägt Schäfer Hauswald vor. Seine Mutterschafe scheinen ihm zu aggressiv. Er hat Waisen unter den Lämmern, kann sich das gut vorstellen. Doch Landry ist anderer Meinung: »Ein paar Muttertiere müssen dabei sein«, rät der erfahrene Spezialist. »Der Hund darf nicht zum Boss werden, er muss immer Respekt vor den Schafen haben.«

Das ist es, was den Herdenschutzhund maßgeblich von Hütehunden unterscheidet, dem zweiten Hundetyp, mit denen Schäfer und Hirten arbeiten. Bordercollie, Schafpudel oder Harzer Fuchs sind darauf gezüchtet, die Herde zu treiben. Entfernen sich Tiere von der Gruppe, sind die Hunde zur Stelle und scheuchen sie zurück, notfalls auch mit Zwicken in die Fersen. Es sind Hunde, denen nicht der Jagdtrieb, aber der Tötungstrieb abgezüchtet ist, die ihre »Beute« treiben, aber nicht reißen. Schafe, Ziegen und Kühe sind für sie keine Kumpane. Ihre »Familie« sind die Menschen, ihr Herr der Schäfer. Respekt vor Schafen dürfen diese Hunde nicht kennen, jeder aggressive Bock könnte sonst ungehindert seiner Wege gehen.

Kommondor, Ungarischer Kuvasz, Kaukasischer Owtscharka und Pyrenäenberghund sind da von anderem Gemüt. Von klein auf an Schafe gewöhnt, werden diese Tiere für sie zum Sozialpartner, die es zu beschützen gilt – notfalls unter Einsatz des Lebens. Die Treue, die der Mensch am Hund so schätzt, erweist dieser Hundetyp nicht dem Schäfer, sondern dem Schaf.

»Du musst die Hunde trennen«, rät deshalb Landry dem Schäfer. Falko und Dux balgen sich, haben bislang noch viele Stunden miteinander verbringen dürfen. Damit soll es nun vorbei sein, das Schaf soll ganz im Mittelpunkt ihres Lebens stehen. Streicheln und Spielen mit den niedlichen Hundekindern ist streng tabu, auch wenn die Kleinen mit ihren dunklen Augen im weißen Wuschelfell zum Kuscheln nur so animieren.

Am nächsten Tag schaut Landry wieder bei Schäfer Hauswald vorbei und ist zufrieden. Dux und Falko beachten die Männer gar nicht, springen tapsig den Lämmern hinterher. »Siehst du, die schauen nicht mehr auf uns«, sagt Landry. So soll es sein. Falko springt auf ein Lamm, das Kleine strauchelt, blökt. »Du musst nur immer aufpassen, dass sie nicht zu ungestüm sind«, meint der Experte aus der Schweiz. Der Schäfer wird in den nächsten Monaten noch viel Arbeit mit den beiden

Dux, Falko und Bel kommen aus der Schweiz in die Oberlausitz, um Schafe vor Wölfen, Hunden und Wildschweinen zu schützen.

*Ein kleiner Pyrenäenberg-
hund wechselt den Besitzer.
Der Schweizer Jean Marc
Landry (rechts) hat ihn für
den Schäfer ausgesucht.*

heranwachsenden Hunden haben, muss stets ein Auge auf sie werfen. Sie werden schnell größer, können die zierlicheren Lämmer mit ihrem jugendlichen Ungestüm zu Fall bringen oder mit spielerischen Bissen verletzen.

»Geh hin und wieder zu ihnen und streichle sie ein wenig, damit sie sich auch an dich gewöhnen und wissen, wer du bist«, sagt Landry, »aber dann geh gleich wieder weg und tu so, als ob sie gar nicht da wären.«

»Als ob's ein Schaf wär«, meint Hauswald schmunzelnd und nickt. Und wie bringt er die Hunde dazu, dass sie ihm auch wirklich gehorchen?

»Mit Futter«, rät der Schweizer. Er solle sie immer rufen, wenn er den Tieren Fressen bringt, ihnen beibringen, dass sie dann bei ihm bleiben. Er wird sie an Spaziergänger und Jogger gewöhnen müssen, ihnen zeigen, wen es zu vertreiben gilt und wen nicht. Pyrenäenberghunde gelten als besonders ruhig, sind daher bestens in Weidegelände geeignet, wo sich auch Wanderer aufhalten. Trotzdem ist es keine einfache Aufgabe, die dem Schäfer in den nächsten Monaten ins Haus steht.

Aber er ist zuversichtlich, glaubt, dass er, wenn er Landrys Ratschläge streng befolgt, in einem Jahr zwei gute Hirtenhunde haben wird.

»Es ist eine so alte Methode«, meint der Experte mit der Baskenmütze, »und doch ist sie für uns ganz neu.« In Mitteleuropa gerieten Herdenschutzhunde in Vergessenheit, nachdem die Wölfe ausgerottet waren. In Ländern wie Polen, Bulgarien und Italien hingegen, wo die Raubtiere nie ganz verschwunden sind, wurden die Hunde weiterhin gehalten. In den letzten zwanzig Jahren haben auch Farmer in Amerika und Australien die Idee übernommen – mit Erfolg. Die Gesellschaft zum Schutz der Wölfe hat in der Slowakei die Wirksamkeit solcher Herdenschutzhunde untersucht. Hunde und Wölfe wurden mit Senderhalsbändern ausgestattet und verfolgt. Die Grauen, so beobachteten die Wolfsschützer, kamen immer wieder zu der Herde, aber ohne anzugreifen. Die Hunde reagierten auf die nächtlichen Besucher mit lautem Bellen und markierten mit Urin. In Herden ohne Schutzhunde wurden dagegen weiterhin Schafe gerissen. Es waren nur wenige Tiere, die dort beobachtet werden konnten, für eine wissenschaftliche Aussage war die Stichprobe zu klein. Doch einen kleinen Hinweis mag die Untersuchung durchaus liefern.

Filmautor Holger Vogt, der die Ankunft der kleinen Welpen mit der Kamera begleitet hat, wundert sich. Wieso will Schäfer Hauswald, der an der Grenze zwischen Brandenburg und Sachsen wohnt, über achtzig Kilometer vom Wolfsgebiet entfernt, Herdenschutzhunde halten, sich den ganzen Aufwand antun? Glaubt er wirklich, dass die Wölfe

Wo er wacht, haben Wölfe keine Chance: Herdenschutzhund in der Schweiz.

kommen? »Ja, das erwarten wir schon«, antwortet der. »Achtzig Kilometer sind doch für einen Wolf ein Spaziergang.«

Auf die Idee ist der Schäfer durch eine Informationsveranstaltung gekommen, organisiert von der Gesellschaft zum Schutz der Wölfe. Herdenschutzhund-Experte Landry erzählte dort als geladener Referent von seinen Erfahrungen in der Schweiz. Die Situation im Alpenland ist ähnlich wie in Deutschland – und doch wieder ganz anders.

Seit 1999 wanderten mindestens vier Wölfe aus Italien ein – doch keiner von ihnen ist noch am Leben. Drei wurden erschossen, einer fand den Tod unter einem Schneepflug. Der letzte bekannte Einwanderer tötete mehrmals hintereinander einige Schafe und wurde daraufhin mit behördlicher Erlaubnis getötet. In der Schweiz, so weiß Landry zu berichten, wird ein Wolf zum Abschuss freigegeben, sobald er in einer Weideperiode mehr als fünfzig Schafe reißt beziehungsweise 25 Tiere innerhalb eines Monats. Was Sachsen von dem kleinen Alpenland unterscheidet: Auf der Alm werden Schafe in der Regel nicht hinter Zäunen gehalten, sondern laufen frei umher. Für Wölfe sind solche Tiere eine leichte Beute, Schafsrisse passieren nahezu zwangsläufig. »Manchmal passiert es auch, dass die Schafe die Berge herabstürzen, wenn sie vor den Raubtieren fliehen wollen«, erzählt Landry. Es ist kein Zufall, dass die Akzeptanz der Menschen dem Wolf gegenüber in jenen Ländern, die ihre Schafe traditionsgemäß nicht schützen, deutlich geringer ist. Norwegen ist ein weiteres Beispiel.

Landrys ganzes Engagement in der Schweiz gilt daher den Herdenschutzhunden. Sie sind ein wirksamer Schutz, vielleicht sogar ein besserer als Zäune. Je mehr Hunde eingesetzt werden, desto größer die Chance für die Schafe – und dadurch vielleicht auch irgendwann für die Wölfe, hofft der Schweizer.

Er zeigt den Schäfern aus der Lausitz einen Film, aufgenommen in den französischen Alpen mit einer Infrarotkamera. Erfolgreich vertreiben da zwei Herdenschutzhunde einen Wolf.

Die Aufnahmen interessieren Andreas Hauswald, das will er auch versuchen. »Die Wölfe sind hierzulande geschützt, also müssen wir zusehen, wie wir unsere Schafe schützen«, sagt er. »Wenn ich morgens hinkomme und dreißig, vierzig sind tot ... das will ich nicht riskieren.« Er habe so schon Probleme genug: Mit sinkenden Woll- und Schaffleischpreisen kann er sich nur über Wasser halten, indem er subventionierte Landschaftspflege mit seinen Tieren betreibt. Hinzu kommt Ärger mit Anglern und Spaziergängern, die ihm die Zäune herunterreißen, mit wildernden Hunden und alles niederwalzenden Wildschweinen. »Vielleicht«, so hofft er, »sind die Hunde auch gegen diese Eindringlinge gut.«

Zwei Jahre wird es wohl brauchen, meint Landry, bis die beiden Welpen brauchbare Herdenschutzhunde sein werden. »Und«, so meint er, »wir brauchen noch mehr Hunde.« Das Gebiet, in dem Hauswald seine Schafe hält, ist mit Ginster bewachsen und unübersichtlich, und seine Herden sind groß. Wenn sich Dux und Falko bewähren, dann will der Schäfer nächstes Jahr noch weitere Tiere holen. Natürlich bei Jean-Marc Landry, dem »Schutzherrn« der Herdenschutzhunde in der Schweiz und nun auch in Sachsen.

Ein Schäfer in Klitten übernimmt eine Schwester von Falko und Dux. Der Betrieb liegt nicht weit von Schäfer Neumanns Weide in Mühlrose entfernt. Er tauft die Kleine »Bel«, die Glocke.

Schäfer Frank Neumann trifft für die neue Weidesaison eine andere Vorsorge. Die Euro-Netze mit der flatternden Litze obendrauf haben sich bewährt. Doch auf Dauer ist der Aufwand lästig: Ist ein Stück Weide abgegrast, stellte er früher einfach das Euro-Netz um. Jetzt muss er jedes Mal auch die Litze neu spannen. Im April zieht er deshalb, von den Biologinnen Gesa und Ilka tatkräftig unterstützt, rings um das gesamte Weidegelände einen 1,40 Meter hohen Zaun mit vier Breitbandlitzen und einer starken Spannung darauf. Jetzt kann der Schäfer seine Euro-Netze innerhalb des groß eingezäunten Gebietes umstellen, und seine Schafe sind überall geschützt – ein deutlich geringerer Aufwand. Die Kosten für den Zaun übernimmt zu großen Teilen die Gesellschaft zum Schutz der Wölfe. Als der neue Zaun steht, ist Schäfer Neumann überzeugt, jetzt das Bestmögliche getan zu haben. Er weiß von den Biologinnen: Mindestens zwei Wölfe streifen noch immer rings um Mühlrose herum, haben ihr Revier ganz in seiner Nähe abgesteckt. Und das ist nur der Anfang. Vielleicht werden sie Junge haben. Und dann könnten es in der Region rings um Mühlrose bald noch mehr Wölfe sein.

22. KAPITEL

WELPEN VOR DER KAMERA

Gesa will gerade eine Wolfslosung einsammeln, als sie ein deutliches »Wuff« hört.

Spätsommer 2003: »Wuff!« Es kommt völlig unerwartet: Gesa hockt auf einem Sandweg, will eine Wolfslosung einsammeln, als sie es plötzlich hört. Zwei ausgewachsene Wölfe, ein kleinerer und ein größerer, kommen keine fünfzehn Meter von ihr entfernt eine Düne herunter. Sie weichen ihr aus, doch der Große lässt die Biologin nicht aus den Augen. »Wuff!«, kommt es noch einmal herüber. Gesa schaut die Tiere fasziniert an, steht auf, versteht die Botschaft. Sie ist hier nicht erwünscht, soll die Wölfe bemerken und sich zurückziehen. So etwas hat sie noch nie erlebt, auch niemand sonst hier in der Region. Gleichgültig mag ein Wolf sein, wenn er einem Menschen begegnet, neugierig vielleicht. Aber dass er sich so deutlich bemerkbar macht? Für Gesa kann dieses Verhalten nur einen Grund haben: Sie ist aus Versehen in die Nähe der Wurfhöhle geraten, und die Wölfe warnen sie – geben ihr zu verstehen, dass sie hier nichts zu suchen hat. Gesa steht auf, geht den Weg zurück, den sie gekommen ist – und sieht einen dritten Wolf, etwa fünfzig Meter von ihr entfernt. Er heult bellend, bellt heulend ... eine Mischung aus beidem, rennt über die Heide. Jetzt ist sich Gesa völlig sicher: Das Rudel hat Welpen, und die sind nicht weit von ihr entfernt.

Gesa dreht sich um, geht eilig in die andere Richtung, will die Tiere auf keinen Fall weiter beunruhigen. Sie ist aufgeregt, ganz erfüllt von dem, was sie da gerade erlebt hat. Nicht nur, dass sie zum ersten Mal in ihrem Leben wilde Wölfe gesehen hat. Die Tiere haben ihr zudem mit ihrem Verhalten wahrscheinlich etwas ganz Wichtiges mitgeteilt: Das Muskauer Rudel hat wieder Welpen.

Zu Hause erzählt sie begeistert davon, will das tolle Erlebnis feiern. Ilka kann es kaum glauben. Sie hat ihre Hoffnung, einem Wolf zu begegnen, beinahe schon aufgegeben. Seit so vielen Monaten ist sie nun schon auf den Fährten der Wölfe unterwegs, bei Sommerhitze und Eiseskälte – und hat noch immer keinen gesehen. Soldaten und Förster, die

viel öfter auf dem Truppenübungsplatz sind als die beiden Biologinnen und dabei immer wieder mal Wölfe sehen, frotzeln schon: »Na, immer noch nichts?« Kein anderes von Ilkas Studienobjekten, egal ob Bären, Luchse oder Dachse, hat sich so rar gemacht wie Sachsens Wölfe. »Ich grabe mich morgen auf dem Übungsplatz so lange ein, bis ich einen Wolf gesehen habe. Du kannst mir Essen und Trinken vorbeibringen, aber vorher gehe ich nicht wieder weg«, sagt Ilka halb im Scherz und ist doch fest entschlossen: Am nächsten Morgen um vier Uhr früh fährt sie raus, um 4 Uhr 30 hockt sie sich auf eine Kreuzung von zwei Brandschutzschneisen – und um 4 Uhr 45 kommt der Wolf. »Das nenne ich effektiv!«, lacht sie später.

Ruhig und stetig läuft der Graue die Trasse entlang, bekommt etwa siebzig Meter vor der Biologin ihren Geruch in die Nase, bleibt stehen. »Als wolle er nachdenken: Was mach ich jetzt, ist das gefährlich?« Der Wolf auf dem Sandstreifen geht kein Risiko ein, dreht sich um und läuft zurück. Jetzt erst wagt Ilka, das Fernglas hochzunehmen, sieht ihn noch einmal nach ihr schauen, dann läuft er weg, wie er gekommen ist,

Wölfe entdecken einen Menschen fast immer eher als umgekehrt.

*Hier war ein Alttier mit
Welpen auf dem Truppen-
übungsplatz unterwegs,
die Spuren verraten es
den Experten.*

ruhig und stetig. »Er war vorsichtig, abschätzend, aber trotzdem völlig gelassen.«

Ilka kann es anfangs kaum fassen: »Du sitzt mitten in Deutschland, und da kommt ein Wolf. Ein wildlebender Wolf.« Es ist etwas ganz Besonderes, auch für sie. Und auf der anderen Seite, so empfindet sie es, etwas ganz Normales. »Der Wolf läuft da lang, als ob es das Natürlichste auf der Welt wäre«, erzählt sie. »Und dann wird dir so richtig klar: Genau das ist es ja eigentlich auch. Es sind schließlich wir Menschen, die so einen Wirbel um ihn machen!«

Ilka hatte sich für ihre Wolfsbeobachtung den westlichen Teil des Truppenübungsplatzes bei Neustadt ausgesucht, dort, wo die Biologinnen das zweite Wolfspaar vermuten. Ihre Begegnung mit dem Wolf bestätigt, was ihr die Spuren schon seit einigen Tagen erzählen. Immer wieder hat sie an dieser Wegkreuzung Fährten gesehen, die Wölfe laufen die Wege offenbar mehrmals am Tage hin und zurück. Dafür, so hofft Ilka, könnte es einen triftigen Grund geben. Vielleicht haben sie Welpen in der Nähe.

In den nächsten Wochen belegen Spuren in der Muskauer Heide auch Gesas Vermutung: Die Wölfe auf dem Truppenübungsplatz haben eindeutig Junge. Gesa findet neben den Abdrücken der Erwachsenen deutlich kleinere. Sie kann fünf Welpenfährten unterscheiden, klar zeichnen sie sich im Sand ab. Noch spuren die Kleinen nicht wie die Alten streng hintereinander, treten nicht mit ihren Pfoten exakt in die Abdrücke des Vorderen, sondern jeder hinterlässt seine eigene Fährte. Für die Biologinnen sind solche Spuren daher relativ einfach zu zählen.

Doch schon in wenigen Wochen werden die Kleinen so große Pfoten wie ihre Eltern haben. Dann werden die Expertinnen eine Welpenspur nur noch an der Schrittlänge erkennen, bis schließlich im späten Herbst mit wachsender Größe der Jungen auch dieses Merkmal für eine Unterscheidung ausfällt.

So lange, bis jemand die Tiere gesehen hat, bleibt immer ein Rest Unsicherheit. Sind es wirklich fünf Welpen? Im Jahr 2000 waren es vier, 2001 mindestens zwei, 2003 wahrscheinlich drei.

Regelmäßig melden sich Uwe und Holger in diesen Wochen bei den beiden Biologinnen. Sie wissen: Die Welpen entfernen sich allmählich weiter von der Höhle, verlassen das schützende Dickicht. Die Spuren im Sand beweisen es. Und dann gelingt es Gesa tatsächlich, wenn auch aus weiter Ferne, Welpen auf einem Sandstreifen herumtollen zu sehen. Es sind vier – einer weniger als sie Spuren zählt. Uwe bezieht nun wieder seinen Posten auf der »Uwekanzel«, sitzt dort jeden Morgen und jeden Abend. Er hofft, dass ihn die Kleinen nicht so lange warten lassen wie der Mäuse jagende Wolf zwei Jahre zuvor.

Er hat Glück: Nur wenige Tage nach seinem ersten Ansitz sieht er sie zum ersten Mal. Es ist früher Abend, die Sonne taucht den altvertrauten Brandschutzstreifen in warmes Licht, lässt den Sand goldgelb leuchten. »Es war natürlich so, wie es einem oft geht: Ich hab gerade in die andere Richtung geguckt, als der Erste kam«, erzählt Uwe. »Ich drehe mich um – und da stand er da schon.« Ein einzelner Welpe, kein Knuddeltierchen mehr mit Wuschelfell, Kippöhrchen und kindlich rundem Köpfchen. Sondern schon ein ganzer Wolf en miniature, mit kräftigen Pfoten, schlanker Schnauze, aufrecht spitzen Ohren und einem großen Kopf auf noch schmächtigem Körper. Knapp vier Monate muss er alt sein, ist schon ganz im Flegelalter.

Noch während Uwe vorsichtig die Kamera dreht, kommen drei weitere Welpen hinzu. Sie laufen den Brandschutzstreifen ein wenig hin und her – und sind viel zu schnell schon wieder verschwunden. Spät kriecht Uwe in dieser Nacht in den Schlafsack, hofft bis zuletzt, sie noch einmal zu sehen. Er erblickt sie nicht, aber er hört sie. Plötzlich, mitten in der Nacht – die Stimmen von wilden Wölfen. Er kennt das Geheule, hat es immer wieder im Wildpark Schwarze Berge bei Hamburg erlebt, dort, wo er schon viele Szenen für den ersten Film gedreht hat. Doch hier draußen, in der Beinahe-Wildnis des nächtlichen Truppenübungsplatzes, ist es etwas ganz anderes. »Es ist schon verrückt, wenn man Wölfe mitten in Deutschland heulen hört. Das ist eines von diesen schönen Exklusiv-Erlebnissen, die man als Tierfilmer hat. Sie machen die vielen Stunden wett, die man sich um die Ohren schlägt

Welpen – so nah wie hier im Gehege sieht man sie auf dem Truppenübungsplatz praktisch nie.

Die Jungen kommen tatsächlich näher und Uwe hat sie bildfüllend: die ersten Fernsehbilder von deutschen Wolfswelpen.

und während der alles andere, die Familie, die Freunde, die Freizeit, völlig zu kurz kommen.«

Auch jetzt muss Uwe sich entscheiden. Es ist der vorletzte Abend vor einer schon lange geplanten Reise nach Grönland. Das Ticket liegt bereit, die Sachen sind gepackt. Und Uwe sitzt auf dem Hochstand und überlegt. Er kann jetzt nicht weg, nicht, wenn die Welpen hier herumlaufen. Da muss er dran bleiben, muss versuchen, noch mehr, noch bessere Bilder zu filmen. Vielleicht kommen sie beim nächsten Mal näher, bleiben länger, vielleicht spielen sie miteinander, tun etwas Interessantes. Uwe sagt die Reise ab, im letzten Moment. Das Ticket muss er zahlen.

Seine Fernsehbilder kommen gerade zur rechten Zeit. Das Sächsische Umweltministerium hat eine Pressekonferenz anberaumt, will die freudige Nachricht von den Welpen verkünden. Denn auch im Nachbarrevier bei Neustadt haben die Biologinnen Welpenspuren entdeckt, nicht weniger als neun. Als sie die Fährten zum ersten Mal sehen, wie fast immer im Sand eines breiten Fahrweges, können sie ihre Freude kaum fassen: Auch das neue Paar hat Junge, es gibt nun wirklich ein zweites Rudel in der Oberlausitz. Ein Quantensprung scheint geschafft – Deutschlands Wölfe breiten sich aus!

»Niemand hätte erwartet«, sagt der sächsische Umweltminister Steffen Flath, »dass sich die Wölfe so vermehren und nun mit vierzehnfachem Nachwuchs aufwarten. Da möchte ich in erster Linie den beiden Expertinnen, der Frau Wolf und der Frau Reinhardt, danken ...« Gelächter im Saal über den netten Versprecher des Ministers, den der rasch pariert, indem er darin »ein Ergebnis der hervorragenden Arbeit« der beiden Frauen sieht. In seinen Dank schließt er ausdrücklich auch die Bundesförster und die Kommandantur des Truppenübungsplatzes ein, durch deren »großartige Zusammenarbeit« es gelungen sei, Probleme weitgehend zu vermeiden.

Uwes erste Welpenbilder werden sofort nach Dresden zum Mitteldeutschen Rundfunk gebracht und von dort per Standleitung am Abend in den Tagesthemen der ARD übertragen. Während die Welpen über die Fernsehbildschirme laufen, sitzt Uwe schon wieder auf der Kanzel. Von vierzehnfachem Nachwuchs hat man vor den Journalisten gesprochen, soviel haben die Spuren der letzten Wochen ergeben. Doch Gesa und Ilka sind sich nicht sicher, ob alle noch leben: In der Muskauer Heide hat Gesa nur vier gesehen, Uwe nur vier gefilmt. Wo ist der fünfte? Und bei Neustadt sehen die beiden Biologinnen in den letzten Tagen vor der Pressekonferenz nur noch sechs Welpenspuren. Leben die drei anderen nicht mehr, sind sie verhungert? Die Eltern sind noch jung und unerfahren, es könnte sein.

Wenige Tage später bekommt Uwe erneut Welpen in der Muskauer Heide vor die Kamera – es sind wieder nur vier. Er filmt sie über eine Viertelstunde lang. Sie laufen auf dem Brandschutzstreifen hin und her, balgen sich, kratzen sich, legen sich hin, stehen wieder auf, springen hierhin und dorthin. Eine ausgelassene Jugendbande. Sie laufen weiter, werden in Uwes Kamerasucher kleiner und kleiner. Plötzlich heult es hinter der Kanzel aus dem Wald, lang und hohl. Die vier bleiben stehen, zögern, kommen zurück, werden im Sucher größer und größer, bleiben direkt vor Uwes Kanzel stehen. Glück für den Filmer: Ihm gelingen die ersten formatfüllenden Portraits von wilden Wolfswelpen in Deutschland. Der heulende Altwolf zeigt sich an diesem Abend nicht.

Beim nächsten Mal ist er dabei. Mehrere hundert Meter von der Kanzel entfernt folgen die Welpen dem erwachsenen Tier im Gänsemarsch über den Brandschutzstreifen. Uwe schaut durch den Sucher, dreht – und schon sind sie wieder verschwunden. Moment mal – waren das nicht sechs Wölfe? Oder hat er sich getäuscht? Es ist schon fast dunkel, und die Tiere waren weit weg. Wieder zurück in seinem Gästezimmer, schaut sich der Filmer sofort auf dem Kameramonitor die Szene an: ein großer Wolf und … fünf kleinere. Kein Zweifel! »Ilka, Gesa, es sind fünf!« Sofort gibt der Filmer die Information an die Biologinnen weiter. Die freuen sich: Ihre Spurenzählung war korrekt. Es leben tatsächlich fünf Welpen in der Muskauer Heide.

Wenige Wochen später freuen sich die beiden wieder. Im Nachbarrevier auf dem Neustädter Truppenübungsplatz sind Amateuraufnahmen von sechs halberwachsenen Wolfswelpen gelungen. Doch die Freude der beiden Biologinnen ist nur von kurzer Dauer …

23. KAPITEL

DIE WÖLFE MIT DEN GROSSEN OHREN

Herbst 2003: Gespannt sitzt Gesa vor dem Fernsehbildschirm. Der Film, der da vor ihren Augen läuft, ist für sie spannender als jeder Krimi. Sechs junge Wölfe tollen über die Heideflächen, rasen hintereinander her, jagen durch den Sockel eines Leitungsmastes, springen oben durch ein Loch heraus, sind mit einem Satz wieder unten, rennen im Kreis: unten rein, oben raus. Prächtige Kerle, lebhaft, kräftig, eine Mischung zwischen wölfischer Eleganz und tapsigem Junghund. Schließlich bleiben sie sitzen, schauen neugierig und voller Unternehmungsdrang umher, blicken direkt in die Kamera. Eine auffallend bunte Truppe: drei mit fast schwarzem Rücken und dunklen Flanken, drei mit grauem Rücken und gleichförmig hellen Flanken und alle sechs mit auffallend großen Ohren.

»Ilka, komm her, guck dir das mal an«, ruft Gesa die Kollegin.

»Die sehen ja komisch aus«, wundert sich auch Ilka. Die beiden Frauen schauen sich die Aufnahmen immer und immer wieder an, vergleichen sie mit denen der Welpen im Nachbarrevier Muskauer Heide. Die gleiche Tapsigkeit, die gleiche Unbekümmertheit, das gleiche verspielte Verhalten. Aber alle fünf Muskauer Jungwölfe sind grau, mit heller Schnauze, gelben Augen, einer grauen Stirn und einem dunkelgrauen Rücken. Auch sie haben ihre individuellen Kennzeichen, einer ist ein wenig heller, der andere ein wenig dunkler – doch im Großen und Ganzen sind sie einander sehr ähnlich. Die Neustädter Welpen erinnern dagegen eher an eine international gemischte Jugendgang.

Die beiden Biologinnen rätseln: Waren die beiden Neustädter Altwölfe doch Geschwister und nicht, wie erhofft, ein Muskauer Nachfahre und ein fremder zugewanderter Wolf aus Polen? Die Frage ist noch immer offen. Aber treibt Inzucht so seltsame Blüten? Oder liegt irgendwo unter den Vorfahren der Hund begraben? Hat sich irgendeiner der Ahnen mal mit einem Hund gepaart und dessen Merkmale schlagen nun, nach Generationen, wieder durch? Oder ist gar die kleine Neustädter Wölfin auf den Hund gekommen? Fragen über Fragen. Gesa und Ilka stehen in diesen Tagen in ständigem Kontakt mit dem Artenschutzreferenten des Sächsischen Umweltministeriums, Michael Gruschwitz. In seinem Auftrag durchstöbern die beiden Biologinnen ihre ganze Literatur, rufen Wissenschaftler verschiedenster Fachrichtungen an, Wolfexperten, Genetiker, Hundeforscher. Sind die Tiere Wolf-Hundmischlinge? Was tun, wenn es wirklich so ist? Vieles deutet darauf hin, die meisten Experten, denen sie die Welpen beschreiben, äußern diesen Verdacht. Was die beiden Wissenschaftlerinnen zudem stutzig macht: Der zweite erwachsene Wolf ist seit Oktober spurlos verschwunden. Wäre er der Partner der Wölfin, so wäre kaum zu erwarten, dass er seine Familie verließe. Aber natürlich kann ihm auch etwas zugestoßen sein, die Biologinnen wissen es nicht. Noch sind alles nur Vermutungen.

Im November 2003 fliegen Michael Gruschwitz und Ilka Reinhardt zu einem Wolfssymposium nach Spanien, den Film mit den großohrigen Welpen im Gepäck. Führende Wolfexperten aus ganz Europa sind dort vertreten, unter anderem der Italiener Luigi Boitani, der Pole Henryk Okarma, der Schwede Olof Liberg und der Spanier Juan-Carlos Blanco. Sie alle schauen sich den Streifen an und machen die letzten Hoffnungen der Biologinnen, dass die Kleinen doch »echte« Wölfe sind, zunichte: Sie alle sind sich ziemlich sicher, dass in diesen Welpen der Hund steckt. Ein Schäferhund oder Schäferhundmischling wird wohl der Vater sein, schätzen die meisten. Die Fellzeichnung einiger Welpen mit ihrem tiefdunklen Rücken und Flanken, die dunklen Brauen und die großen aufrechten Ohren verraten den Lieblingshund der Deutschen in den Genen der Mischlinge. Letzte Gewissheit allerdings kann nur eine genetische Analyse liefern, da sind sich alle Experten einig. Sie raten den deutschen Biologen, sie auf jeden Fall durchführen zu lassen.

Hund und Wolf sind so eng miteinander verwandt wie keine anderen Mitglieder in der Familie der hundeartigen Raubtiere. Der Grund ist einfach: Der Wolf gilt als Stammvater unseres Haushundes, darin stimmen inzwischen alle führenden Hunde- und Wolfexperten überein. Die Frage allerdings, wie der Mensch einst auf den Hund gekommen ist, bewegt noch immer die Gemüter. Wurde der Wolf nur einmal durch den Einfluss des Menschen zum Haustier und entwickelten sich dann die vielen unterschiedlichen Hunderassen? Oder wiederholte sich dieser Vorgang mehrmals zu verschiedenen Zeiten in unterschiedlichen Teilen der Welt? Genetiker deckten kürzlich auf, dass sich das Erbmaterial der Hunderassen inzwischen deutlich voneinander unterscheidet, sie konnten mindestens vier Stammlinien herausarbeiten. Das spricht für die zweite These. Oder, diese Behauptung wird auch vertreten, der Wolf wurde nur einmal zum Haustier, doch Haushundrüden haben

Amateuraufnahme von den Neustädter Welpen. Sie sind vier Monate alt und haben auffallend große Ohren.

*Nicht alles, was »Wolfshund«
heißt, ist ein Hybride: Der
Saarloos-Wolfshund zum
Beispiel ist eine anerkannte
Hunderasse.*

sich danach immer mal wieder mit Wölfinnen gepaart und dadurch die Unterschiede in den genetischen Linien unserer zahlreichen Haushundrassen produziert.

Wie es auch immer war – solange, wie es Hunde gibt, wird es auch immer wieder Paarungen zwischen ihnen und ihren Stammvätern oder Stammmüttern gegeben haben. Wo Wölfe nicht völlig abgeschieden leben, passieren gelegentlich mal solche Seitensprünge, wenn auch erstaunlich selten. Das genetische Material von Hund und Wolf unterscheidet sich in nur weniger als einem Prozent. Das ist die entscheidende Voraussetzung dafür, dass Hund und Wolf, anders als etwa Pferd und Esel, fruchtbare Nachkommen zeugen können. Maultiere oder Maulesel breiten sich, sollten sie in halbwilden Pferdeherden mal vorkommen, nicht weiter aus, Wolfshybriden dagegen durchaus. Und genau darin liegt die Gefahr.

Eine Gefahr, die den Expertinnen und Wolfschützern in der Lausitz in diesen Wochen große Sorgen macht. Was tun mit den sechs Welpen, die da im Film so unbekümmert durch die Gegend springen? Lässt

man sie laufen, werden sie schon bald auf Wanderschaft gehen und nach einem Partner suchen. Paaren sie sich dann zum Beispiel mit einem Sprössling des bislang »reinen« Muskauer Rudels, fließt in den gemeinsamen Nachkommen wieder Hundeblut. Die ohnehin schon winzig kleine Wolfsgruppe Sachsens wäre bedroht, könnte allmählich von Hybriden unterwandert werden und als reine Population aussterben.

»Der Wolf ist eine streng geschützte Art«, erklärt Ilka, »das heißt, wir sind verpflichtet, alles zu tun, um sie zu erhalten.« Dazu gehöre auch, ihre Rassereinheit zu bewahren, ihnen Hunde und Hundemischlinge möglichst vom Leib zu halten. Die einsame Wölfin von Neustadt und ihr folgenschwerer Seitensprung ist ein von Menschen gemachtes Problem. Durch Menschen wurde der Wolf einst in Deutschland ausgerottet. Aus Polen wieder einwandernde Wolfsrüden wurden, soweit sie überhaupt bekannt wurden, bis in die jüngste Zeit allesamt erschossen, überfahren oder eingefangen – mit Ausnahme des Muskauer Stammvaters. Mögliche Partner für die kleine Wölfin hatten also kaum eine Chance, den Weg von Mecklenburg oder Brandenburg in Sachsens Norden zu finden. Auch Nachschub aus Polen ist inzwischen selten – nur noch wenige Tiere leben dort inzwischen in zersplitterten, weit voneinander entfernten Rudeln. Das Rudel im Niederschlesischen Wald jenseits der Neiße ist ausgelöscht, wahrscheinlich ausgelöst durch den Abschuss eines Muttertiers im Jahr 1994. Andererseits werden in Deutschland pro Jahr rund vierzigtausend Hunde als vermeintliche Wilderer geschossen. Anders als in Italien haben diese Tiere in der Regel einen Besitzer, sie sind nicht verwildert, aber genehmigen sich – unbeaufsichtigt – einen kleinen Ausflug ins Grüne. Ein freilaufender Dorfhund macht einen Abstecher in die Wälder oder der sonst so brave Haushund nutzt beim Gassigehen die Gunst der Stunde, jagt einem Hasen hinterher oder folgt dem betörenden Duft einer läufigen Hündin – und bleibt zuweilen stundenlang verschwunden. Es gibt viele Gründe, warum ein einsamer Wolf in einem Land mit rund fünf Millionen registrierten Haushunden nahezu überall auf seine Haustier-Vettern treffen kann.

»Wir Menschen haben das Problem geschaffen, wir sind deshalb auch dafür verantwortlich, es zu lösen«, so Ilka. Dabei geht es nicht um Moral: Das europäische Artenschutzrecht lässt gar nichts anderes zu. Die Bundesrepublik ist verpflichtet, Wölfe zu schützen und alle Maßnahmen zu treffen, damit die Art erhalten bleibt. Verstößt sie gegen diese Richtlinien, muss sie sich gegenüber der Europäischen Union verantworten. Niemand weiß genau, wie sich Hundegene langfristig auf eine Wolfpopulation auswirken. Was deutlich messbar ist: Mischlinge haben kürzere Fangzähne als Wölfe. Können sie trotzdem genauso effektiv Wildtiere jagen oder vergreifen sie sich möglicherweise leichter an Haustieren, wie es von streunenden Hunden in Italien bekannt ist? Sie können sicher irgendwie überleben, unzählige herrenlose Hunde in ganz Europa beweisen das. Langfristig jedoch, so die Befürchtung der Experten, wirken sich ihre vom Hund ererbten Eigenschaften negativ aus, stammen sie schließlich von einem Tier, das nicht mehr optimal an ein Leben in der Wildnis angepasst ist.

Ein weiteres Problem: Hunde werden deutlich eher geschlechtsreif als junge Wölfe – ein typisches Kennzeichen von Haustieren im Vergleich zu ihren wilden Verwandten. Außerdem sind Rüden das ganze Jahr über paarungsbereit, Hündinnen zumindest zweimal im Jahr. Wolf und Wölfin hingegen kommen nur einmal innerhalb eines Jahres in Stimmung.

Hundemischlinge haben daher gute Chancen, häufiger Welpen zu bekommen als reinrassige Wölfe. Schon bald könnte dann die Zahl der Mischlinge größer werden als die der Wölfe – zumindest in der Theorie. In großen Wolfpopulationen wie in Kanada oder Russland fallen Hybriden kaum ins Gewicht. Da sie genetisch ihren Stammvätern so ähnlich sind, gehen sie über kurz oder lang durch Rückkreuzungen in der Masse des genetischen Wolfmaterials auf, und ihre ungünstigen Merkmale verlieren sich rasch wieder. Bei einer so extrem kleinen Wolfpopulation wie der in Sachsen, in der zurzeit nur ein einziges reinrassiges Paar Junge produziert, ist die Gefahr, dass Hybriden die reinen Wölfe bald verdrängen, deutlich größer.

Dem Wolfexperten Luigi Boitani ist das Problem wohl bekannt. In Italien leben vergleichsweise weniger Hirsche, Rehe und Wildschweine als in deutschen Wäldern, weshalb sich die anpassungsfähigen Wölfe andere Nahrungsquellen erschlossen haben. Einige Tiere kommen regelmäßig in die besiedelten Täler und ernähren sich von Fleischabfällen und Kadavern auf Deponien. Streunende Hunde, in Italien allgegenwärtig, sind auf den Müllbergen ihre schärfsten Konkurrenten. Zur Paarungszeit im ausgehenden Winter ist eine läufige Wölfin vielleicht auch mal bereit für ein Rendezvous auf dem Abfallhaufen mit einem Streuner – mit den aus Sicht der Artenschützer unerwünschten Folgen. Genaue genetische Analysen haben jüngst aufgedeckt, dass bereits ein Teil der Abruzzenwölfe Hundegene in sich tragen. Möglicherweise, so fürchten die Forscher, ist es nur eine Frage der Zeit, bis es keine reinrassigen Wölfe mehr in Italien gibt. Genau das gilt es in Deutschland zu verhindern.

Die Reinheit des sächsischen Wolfsblutes ist allerdings nicht die einzige Sorge, die Sachsens Wolfsschützer in diesen Tagen bewegt.

Wolfsmischlinge haben einen schlechten Ruf, gelten als unberechenbar und gefährlich. Wird nun die breite Toleranz den grauen Raubtieren gegenüber bei den Lausitzern umschlagen in Angst und Abwehr? Gerade erst haben Gesa und Ilka aufatmen können: Kein einziges Schaf ist in dieser Weidesaison gerissen worden, das Wolfmanagement des Sächsischen Umweltministeriums, die harte Arbeit der Biologinnen und ihrer Unterstützer, hat sich bewährt. Dank Aufklärung und Vorsorge herrscht Ruhe an der Wolfsfront. Doch wie werden die Bürger, die Jäger, die Schäfer die Nachricht von den Mischlingen aufnehmen?

Gesa kennt aus Estland die Vorurteile, mit denen Menschen diesen Tieren begegnen, die Ängste, die noch stärker sind als gegenüber Wölfen. Der Hund im Mischling sorge dafür, dass diese Tiere keine Angst vorm Menschen haben, der wölfische Teil gebe die notwendige Angriffslust hinzu, und so entstehe eine höchst gefährliche Mixtur.

Bis heute gibt es keinen wissenschaftlichen Beweis dafür, dass Bastarde tatsächlich gefährlicher als reine Wölfe sind, dass Aggressivität und Furchtlosigkeit ihnen in den Genen liegen. Schreckensmeldungen über Wolfmischlinge, die Menschen anfallen oder sogar töten, handeln fast ausnahmslos von zahmen Tieren. In den USA leben drei- bis vierhunderttausend Wolfmischlinge als Haustiere in Menschenobhut. Vergleicht man die Zahl der tödlichen Unfälle durch diese Tiere mit denen anderer Hunderassen, reihen sich die Bastarde zwischen Pit Bull mit den meisten Fällen und Bernhardiner mit den wenigsten etwa in der Mitte ein, ein Indiz, dass diese Tiere nicht per se gefährlicher sind als andere Hunderassen.

Wolf oder Mischling? Um das herauszfinden, müssen die Experten diese Welpen fangen und untersuchen.

Problematisch ist der Umgang mit ihnen dennoch: Durch die von der Wolfsmutter oder dem Wolfsvater ererbte Vorsicht gegenüber Unbekanntem sind diese Tiere, genau wie gezähmte Wölfe, für den Halter oft unberechenbar in ihren Reaktionen: Sie sind schreckhaft und Fremden gegenüber äußerst scheu.

In Deutschland ist die Haltung von Wolfshybriden verboten. Nicht allein wegen ihrer vermeintlichen Gefährlichkeit, sondern weil Mischlinge den gleichen hohen Schutzstatus genießen wie Wölfe. Eine Regelung, die nach den Richtlinien der EU grundsätzlich für alle Tierarten gilt: Mischlinge sind immer zu behandeln wie ihr höher geschütztes Elternteil – ein Schutz, der bis in die vierte Generation gilt. Genau wie Wölfe dürfen auch deren Mischlinge deshalb ohne behördliche Genehmigung nicht gezüchtet, gefangen, verletzt oder gar getötet werden.

Wolfspezialisten weltweit sind sich heute einig: Hybriden sollten so schnell wie möglich aus der Natur entfernt werden. Was also tun? In Schweden zum Beispiel wurden solche Mischlinge geschossen. Rein wissenschaftlich gesehen, vielleicht die vernünftigste Alternative. Doch bislang können sich weder die beiden Biologinnen noch sonst irgendjemand wirklich sicher sein, ob die Vermutung stimmt. Man will kein Risiko eingehen, will sich nicht vorwerfen lassen, dass man ohne genaueste Überprüfung ein hochgeschütztes Tier abschießt. Deutschlands erstes aktives Wolfmanagement ist jung, Fehler darf und will man sich auf keinen Fall erlauben.

Die Beteiligten überlegen lange und genau, doch die Zeit drängt. Die Neustädter Jungtiere werden immer älter. Sollten sie eher geschlechtsreif werden als reinrassige Wölfe, dann verlassen sie vielleicht auch eher das mütterliche Revier. Sind sie erst einmal abgewandert mit unbekanntem Ziel, ist es zu spät.

Im November 2003 schließlich fällt die offizielle Entscheidung des Staatsministeriums: Die Hybriden sollen genetisch untersucht werden, um jeden Zweifel auszuschließen. Doch dafür muss man sie erst einmal fangen.

24. KAPITEL

WOLF, DU HAST DAS SCHAF GESTOHLEN

Anfang Januar 2004: Der Rehbock ist einfach zu schnell gewesen. Sie hat ihn im Wald entdeckt, doch er sie auch – den Bruchteil einer Sekunde zu früh. Mit großen Sätzen, laut seinen Warnruf bellend, ist er durch das Unterholz gebrochen. Sie hinterher, ihre vier Jungen auf den Fersen. Sie hat noch zwei seiner Haken parieren können – und dann aufgegeben. Ein dünner Schnee war am Nachmittag gefallen, hatte alles weiß überzuckert. Die Pfoten des fünfköpfigen Rudels hinterlassen deutliche Spuren, verräterische Spuren ... Die der Wölfin sind zierlich, schmal und klein. Die ihrer vier Jungen sind etwas rundlicher, die Ballen nicht wie bei ihr sauber voneinander getrennt. Doch sie weiß nicht, dass ihre Jungen andere Pfoten haben als junge Wölfe sonst, dass sie ein bisschen anders aussehen, sich ein bisschen anders verhalten. Es sind ihre ersten Welpen, und sie hat sie aufgezogen mit all der Fürsorge, die Wolfmüttern eigen ist. Anfangs war sie nicht allein gewesen, der Bruder hatte ihr geholfen. Wäre er nicht gewesen, hätte sie es kaum geschafft, ihre Welpen auch nur ein paar Wochen lang zu ernähren. Neun hatte sie gehabt, sehr viel für eine Wölfin und eine schwierige Aufgabe für ein so junges Tier wie sie. Außergewöhnlich ist es allerdings nicht, immer wieder mal werfen Wölfinnen so viele Welpen. Doch die Regel ist dann, dass kaum die Hälfte überlebt. So ist es auch bei ihr gewesen. Drei ihrer Kleinen sind gestorben, ungefähr vier Monate nach der Geburt hatte sie nur noch sechs. Dann, irgendwann im Herbst, war eines Nachts der Bruder verschwunden. Wo er geblieben ist, weiß niemand.

Danach hat die junge Wölfin noch zwei ihrer Jungen verloren, auch über deren Schicksal ist nichts bekannt. In dieser Januarnacht folgen ihr nur noch vier. Sie führt die Welpen hinaus aus dem Wald über die schneebedeckten Wiesen zum Fluss hinunter. Hier ist die Spree noch mehr Bach als Fluss, weit entfernt von Berlins berühmtem Strom. Für die fünf Wölfe kein Hindernis, zumal das Flüsschen gefroren ist. Schon oft hat das Rudel die Spree überquert, sie liegt mitten im Revier.

Nach dem verprellten Rehbock sucht die Wölfin jetzt auf der anderen Flussseite nach Beute. Sie trabt mit ihren Jungen zwischen Spree und einem Dorf entlang nach Süden. Die Häuser sind nicht weit, liegen etwas oberhalb am Hang. Ein paar Schafe in einem Gatter lassen die Wölfe rechts liegen. Ein Zaun versperrt ihnen den Weg, sie weichen aus, weg von der Spree, dem Dörfchen zu. Sie haben den Geruch der Schafe noch in der Nase, einen Geruch, den zumindest die Wölfin gut kennt. Aber sie hat gelernt, dass diese Tiere unerreichbar sind, hinter Zäunen, die schmerzen, hinter unheimlich flatternden Bändern, die sie sich nicht zu überwinden traut. Doch hier, direkt vor ihrer Nase, ist plötzlich alles anders: Zwei Schafe tauchen schemenhaft in der Dunkelheit auf, sie kann sie riechen, kann sie sehen – und kein Zaun versperrt den Zugang, kein Flatterband macht ihr Angst. Sie zögert, läuft unentschlossen hin und her. Das Ältere der Schafe rennt in das Schilf am Flussufer, das Jüngere zögert. Die Wölfin rennt los, das Schaf flüchtet, läuft über die Wiese. Doch die Wölfin ist schneller als das junge Tier.

Am nächsten Morgen findet ein Rentner die Reste des Schafes auf seiner Weide, nur hundert Meter von seinem Haus in dem kleinen Ort Bärwalde entfernt. Von den drei Schafen, die er noch vor wenigen Wochen hatte, lebt jetzt nur mehr eins. Denn er hat das alles schon einmal erlebt, vor noch gar nicht langer Zeit. Am 10. Dezember des Vorjahres hatte schon einmal ein zerfleischter Schafskadaver auf seiner Weide gelegen. Als Gesa und Ilka damals den Anruf des Rentners bekamen, waren sie fest davon überzeugt, dass die Wölfe am Werk gewesen waren. Denn die Wiese liegt mitten in ihrem Revier. Doch als sie das tote Schaf untersuchten, kamen ihnen Zweifel. Das Gesicht und der Nacken waren zerfleischt, der Kadaver kaum angefressen, der für einen Wolf typische Kehlbiss fehlte. Die beiden Biologinnen fanden keine Spuren – das Wetter war regnerisch mild, kein Schnee verriet die nächtlichen Beutejäger. So blieb der letzte Beweis aus. Doch für die beiden Expertinnen deutete der Riss auf Hunde hin. Auch Schäfer Frank Neumann, der sich etwas später das Tier ansah, war sich ziemlich sicher: Das waren keine Wölfe.

Diesmal sieht das anders aus: Spuren im Schnee führen über die vereiste Spree zu der Weide, zeigen, wie fünf Wölfe mal hier, mal dort herumgelaufen sind, dann vor dem Zaun, der ihnen den Weg versperrte, zur Wiese ausgewichen sind, erzählen von der kurzen Hetzjagd und der Rückkehr Richtung Spree. Für Gesa Kluth ist klar: Es waren die Wölfe. Kein Zweifel! Als sie die Fährten bis zum Fluss verfolgt, wird ihr noch etwas anderes deutlich: Das Rudel war offenbar zum ersten Mal hier. Zumindest haben die Tiere nicht zielstrebig nach dem Schaf gesucht, sind nicht schnurstracks auf die Weide gelaufen. Zu kreuz und

Spuren von der kleinen Wölfin und ihren Jungen. Sie überführen die Tiere als die Schafsräuber von Bärwalde.

179

Das Eis hält! Im Winter sind Flussüberquerungen für die Grauen ein Kinderspiel.

quer verlaufen die Fährten. Da wurde mal hier angehalten und vielleicht geschnüffelt, da mal gezögert, dort mal ein Stück wieder zurückgegangen. Jemand, der weiß, wo er hin will, läuft nicht so ziellos durch die Gegend wie diese fünf Wölfe in der Nacht.

Damals, im Mai 2002 bei Mühlrose, hat dieselbe Wölfin zusammen mit ihren Geschwistern sehr schnell gelernt. Sie erlebte einen beachtlichen Erfolg und war schon zwei Tage später wieder da. Und immer wieder und wieder, von den Schafen nur zurückgehalten durch die Anwesenheit der Bewacher und später vom Zaun mit Flatterband. Diese Wölfin hätte nicht einfach fast einen Monat verstreichen lassen, um sich das nächste Schaf zu holen. Ein Schaf ohne Zaun, ohne Flatterband – was für eine Gelegenheit. Die zu verpassen wäre dümmer, als ein Wolf erlaubt.

Der Zufall – dieselbe Stelle, dieselbe Gruppe Schafe – ist einfach zu perfekt. Der Schafhalter zweifelt, glaubt nicht so recht, was die Biologin sagt. Wieso sollten es damals Hunde gewesen sein, wenn es jetzt eindeutig die Wölfe waren? »Ich kann verstehen, wenn der Schafhalter

Dieses Neustädter Jungtier sieht seiner Mutter sehr ähnlich, doch der gebogene Schwanz verrät den Hundevater.

oder auch andere Menschen das nur schwer glauben können«, sagt Gesa. »Aber uns ist nicht daran gelegen, Wolfsrisse als Hunderisse auszugeben und den Schäfer um eine Entschädigung zu bringen. Es kommt eben beides vor.«

Nach dem ersten Schafsriss hatten die Biologinnen dem Schafhalter geraten, seine Tiere nicht länger unbewacht und frei zugänglich auf der Uferwiese laufen zu lassen. Sie hatten befürchtet, dass eines Tages auch die Wölfe kommen würden. »So ein ungeschütztes Schaf ist einfach ein zu verlockendes Angebot, das kein Raubtier ausschlägt«, sagt Gesa.

Ein Angebot, das die Wölfin, sofern sie wiederkam, kein zweites Mal gefunden hat. Das dritte und letzte Schaf des Rentners steht für den Rest des Winters über Nacht im Stall. Einen Schadenersatz vom Staat kann der Hobbyschafhalter nicht beanspruchen, die so genannte Härtefallregelung gilt nur für Berufsschäfer und -viehhalter. In diesem Fall springt die Gesellschaft zum Schutz der Wölfe ein, ersetzt das gerissene Tier. Auch für das erste Schaf haben die Wolfsschützer dem Mann etwas bezahlt. Sie wollen verhindern, dass der Schafsriss zum Anlass genommen wird, Stimmung gegen den Wolf zu machen.

Ihre Sorge ist nicht unberechtigt. Am Vormittag nach dem nächtlichen Besuch der Wölfin und ihrer Welpen auf der Bärwalder Schafweide nimmt auch der Jagdpächter und Nachbar des Rentners, Joachim Bachmann, die Rissstelle in Augenschein. Er ist überzeugt, dass auch der erste Schafsriss auf das Konto der Wölfe ging und wird dabei sehr deutlich. Der Schnee würde dieses Mal die wahren Täter überführen, anders als damals. Die Situation sei gefährlich, denn jetzt kämen die Wölfe schon auf fünfzig Meter an die Ortschaft heran. »Was passiert, wenn Kinder in der Dämmerung am Dorfrand spielen?«, fragt auch der Vorsitzende der örtlichen Jagdgenossenschaft laut eines Berichtes der *Sächsischen Zeitung* vom Folgetag. Es formiere sich massiver Widerstand, wird Bachmann im selben Artikel zitiert.

Der über Siebzigjährige nutzt die Gunst der Stunde und sucht Verbündete. Er will sich jetzt endlich wehren – gegen den Wolf!

Zweimal in wenigen Wochen verliert ein Rentner in Bärwalde ein Schaf. Einmal waren die Räuber eindeutig Wölfe.

25. KAPITEL

SICHERHEIT UND ARTENSCHUTZ

Januar 2004: In der Teichschänke von Klösterlich-Neudorf im Kreis Kamenz geht es lebhaft zu. Sechzehn Bürger, Landwirte, Jäger, besorgte Eltern und ein Bürgermeister versammeln sich, um einen Verein zu gründen. Ein »Verein gegen die Wölfe« soll es sein, sagt ihr gewählter Vorsitzender Joachim Bachmann. Den dort Versammelten reicht es: Jeder Wolfsbefürworter erhalte ein Plenum und werde erhört, auch wenn er den größten Unsinn verzapfe. Die Leute aber, die auf die Gefahren vor dem Wolf hinwiesen, fänden kein Gehör. Das müsse sich ändern. Jetzt solle jemand ihre Interessen vertreten: Ein Landwirt will seine Tiere nicht als »Wolfsfutter« halten, ungeachtet jeder Entschädigung. Eltern möchten in ihrer Angst um Kinder oder Enkel verstanden werden, die dort spielen, wo die Wölfe umherstreifen.

Der künftige Verein will aufrütteln, möchte provozieren. »Wir wollen nicht weiter belogen und getäuscht werden«, meint Bachmann. Da werde immer wieder von anderen Wolfszahlen geredet, mal sagt der Umweltminister, es seien mehr als zwanzig, dann behaupten die Biologinnen, es seien nur noch sechzehn, höchstens achtzehn ... »Das kann man sich immer so hindrehen, wie es gerade passt.«

Der ehemalige Kaufmann ist seit fünfundvierzig Jahren Jäger, seit 1992 in einem Revier bei Bärwalde an der Spree. Direkt vor seiner Haustür ist vor wenigen Tagen zum zweiten Mal ein Schaf gerissen worden. Für Bachmann ist das Maß voll. Am 27. Januar 2004 stellt er einen Antrag beim Regierungspräsidium in Dresden zur Erlegung eines Wolfes: Einen Vergrämungsabschuss nennt er es, was heißt, dass die anderen Wölfe damit aus dem Revier vertrieben werden sollen. »Ich will nicht persönlich einen Wolf schießen, weil es mir Spaß macht. Aber er muss bejagt werden. Was soll zum Beispiel werden, wenn die Tollwut hier herrscht? Das ist höchst gefährlich.«

Drei bis vier Wölfe hält der Jäger für die Region erträglich. Was mehr ist, gefährde den Menschen. Man sehe ja jetzt, wie nah die Wölfe

Wölfe sind gefährlich, vor allem für kleine Kinder, glauben einige wenige Bürger der Region und wollen sich wehren.

Das Bild vom »bösen Wolf« ist immer noch lebendig. Tatsächlich sind Angriffe auf Menschen ausgesprochen selten.

schon an die Dörfer herankommen, das gerissene Schaf direkt hinter seinem Haus beweise das. Die Zahl der Wölfe müsse man deshalb drastisch senken. »Das ist wie beim Autofahren. Wenn Sie hundert Kilometer fahren, ist die Wahrscheinlichkeit kleiner, dass Sie einen Unfall bauen, als wenn Sie achthundert Kilometer fahren.«

Die Erinnerung an einen viele Jahre zurückliegenden Autounfall ist es auch, die ihm zu schaffen macht: Damals, so erzählt er, hatte er ein kleines, totes Kind im Arm gehabt. »Das werde ich niemals vergessen! Ich möchte auf gar keinen Fall hier wegen der Wölfe etwas Ähnliches erleben.« Bachmann will sich einfach später nicht vorwerfen lassen, er habe gewusst, wie gefährlich Wölfe sind, und nichts dagegen getan.

Deshalb tut er etwas. Er besucht in den Wochen nach der Vereinsgründung mit seinen Mitstreitern nahezu jede öffentliche Veranstaltung zum Thema Wolf in der Oberlausitz. Mit düsteren Prophezeiungen – Reviere ohne Wild, ausufernde Wildschäden und blutige Kinderleichen – regen die Vereinsmitglieder die Diskussionen kräftig an. Bachmann kennt durchaus moderne Rotkäppchen-Geschichten: In Bischofswerda, gar nicht weit vom heutigen Wolfsrevier, sei einem kleinen Kind von einem Wolf ein Arm abgebissen worden.

Die Geschichte ist kein Märchen: Sie handelt von einem Zoowolf. Das Kind hatte das Tier durch den Zaun hindurch streicheln wollen.

Wenn Frau Kluth behaupten würde, sie garantiere dafür, dass Wölfe Menschen nicht angreifen, dann sei das verantwortungslos, so Bachmann. Schon Alfred Brehm habe von Angriffen auf Menschen berichtet. Frau Kluth wisse ja schließlich von den Erlebnissen des Schäfers Neumann. Damals, kurz nachdem die Wölfe dem Schäfer so viele Schafe gerissen hätten, habe der sich vor dem Angriff der Wölfe doch nur auf seinen Trecker retten können, sagt Bachmann. Erst als die *Bild* die Geschichte völlig übertrieben darstellte, habe Neumann dementiert.

Gesa Kluth formuliert es anders: »Es gibt keinerlei Indizien, dass von den Lausitzer Wölfen eine Gefahr für Menschen ausgeht.« Ihre eigene Erfahrung an der Wurfhöhle der Wölfe und gerade auch die Erlebnisse des Schäfers Frank Neumann bestärken sie in dieser Annahme. Da hätten Wölfe die Gelegenheit zum Angriff gehabt und sie nicht genutzt. Joachim Bachmann droht der Biologin per Einschreiben, er behalte sich ausdrücklich juristische Schritte vor, falls die Zukunft etwas anderes lehren sollte und ein Wolf doch einen Menschen in der Lausitz angreife.

Auch um die Attraktivität seiner Wahlheimat sorgt sich der Mann. »Wir brauchen hier jeden Touristen. Ich möchte nicht, dass sich jemand sagt: Ich komme nicht mehr, bei euch laufen ja die Wölfe rum.« So etwas

Ein Antrag auf einen Vergrämungsabschuss, von einem Jäger aus Bärwalde gestellt, wird vom Regierungspräsidium Dresden abgelehnt.

habe er schon von Freunden aus dem Westen hören müssen. Die Marketing-Gesellschaft Oberlausitz hat bislang andere Erfahrungen gemacht: »Seit der Wolf da ist«, so Geschäftsführer Holm Große, »verzeichnen wir zunehmende Zahlen, besonders von Aktivurlaubern, zum Beispiel Radfahrern. Das kann man natürlich nicht direkt miteinander in Verbindung bringen, aber zumindest schreckt der Wolf die Menschen nicht davon ab, zu kommen. Er macht auf die Region aufmerksam.«

Genau das ist auch Joachim Bachmann perfekt gelungen. In Spätwinter 2003, erinnert sich Ilka, ist das Medieninteresse so groß wie nie zuvor. »Das hat selbst die Schafsrisse damals bei Schäfer Neumann in den Schatten gestellt.« Das Telefon im Büro LUPUS klingelt fast ununterbrochen. Es geht nicht nur um das Hybridenproblem, das kurz nach der Vereinsgründung bekannt geworden ist. Die Journalisten fragen nach teilweise horrenden Wolfszahlen von 50, 150 bis gar 500 in der Region, die in diesen Wochen durch die Öffentlichkeit geistern. »Die Zahlen waren völlig aus der Luft gegriffen«, ärgert sich Ilka. Denn sie zeugten von deutlicher Unkenntnis über die Wölfe. Eine einzige Wolfsfamilie beanspruche zwei- bis dreihundert Quadratkilometer für sich, so viele wilde Wölfe in einer Region seien schon rein biologisch gar nicht denkbar. Die beiden Biologinnen erklären immer wieder auf öffentlichen Vorträgen, wie viele wirklich in der Oberlausitz leben, wie sie zu diesen Erkenntnissen kommen und wie unwahrscheinlich es ist, dass die Tiere Kinder anfallen.

Als Bachmann wenige Wochen nach der Vereinsgründung von den Hybridenwelpen erfährt, ist das ein weiterer und inzwischen sogar der wichtigste Grund, gegen die Wölfe vorzugehen. »Diese Tiere sind hochgefährlich«, sagt er. Und wer garantiere denn dafür, dass nicht noch mehr Hybriden herumlaufen? Auch sei er sehr skeptisch, ob die angeblich »wilden« Wölfe wirklich solche seien. Vielleicht seien ausgesetzte Gehegewölfe darunter. Und solche Tiere seien ebenfalls gefährlich wegen ihrer mangelnden Scheu vor Menschen. Warum nicht, so sein Vorschlag, den Truppenübungsplatz einzäunen und mit Aussichtsplätzen für Touristen versehen? Dann könnten sie die Wölfe sehen und es sei trotzdem niemand gefährdet. Außerhalb allerdings sollten die Tiere bejagt werden. »Hier ist nicht Sibirien oder Kanada. Wir brauchen hier in Deutschland keine Wölfe. Die nutzen uns überhaupt nichts, sondern schaden uns und kosten uns Geld.«

»Sicherheit und Artenschutz«, so heißt der Verein der Wolfsgegner, der inzwischen knapp vierzig Mitglieder zählt. Was für Wolfsbefürworter zynisch klingt, macht für die Namensschöpfer Sinn. Sicherheit für Menschen und Schutz für das Wild – vor dem Wolf. Worum es dabei –

Wölfe vergreifen sich hierzulande nur selten an Schafen, weil die Wälder voller Wild sind.

zumindest den Jägern des Vereins – offenbar auch geht, stellt Bachmann klar: »Ein Wolf frisst 1500 Kilo Fleisch im Jahr. Das Wildbret fehlt den Jägern. Die haben weniger Erlös, außerdem gehen Arbeitsplätze verloren, weil weniger Wildfleisch verarbeitet werden kann.« In seinem Revier sei vor zwölf Jahren doppelt so viel Rotwild gewesen wie heute, das gehe sicher größtenteils auf das Konto des Wolfs. Mit solchen Äußerungen treffen die Vereinsmitglieder den Nerv mancher Waidgenossen und erhalten zuweilen mehr Beifall als sonst.

Allerdings, berichten Gesa und Ilka, ist so offensichtliche Zustimmung eher die seltene Ausnahme. Die weitaus meisten Bürger und insbesondere auch Jäger, so erleben sie bei ihren Vorträgen, distanzieren sich von den Thesen Bachmanns – auch dann, wenn sie dem Wolf gegenüber kritisch eingestellt sind. Während der Diskussionen zeigt sich erstaunlich viel Widerstand. »In der Presse ist das oft so dargestellt worden, als sei damals hier die Stimmung gekippt. Unsere Erfahrung war aber ganz anders«, sagt Ilka. »Die Leute haben richtig dagegengehalten! Egal wo, die Stimmung war deutlich eher Anti-Bachmann als Anti-Wolf.«

Auch Schäfer Frank Neumann, der Kronzeuge Bachmanns für »angriffslustige« Wölfe, will von solchen Schauermärchen nichts hören. Er werde nie in diesen Verein eintreten, sagt er der *Sächsischen Zeitung*. »Da gehe ich eher in die Gesellschaft zum Schutz der Wölfe«, sagt der Mann, der knapp zwei Jahre zuvor 33 Schafe durch die Raubtiere verloren hat.

Am 31. März 2004 lehnt das Regierungspräsidium Dresden den Antrag auf Abschuss eines Wolfs im Jagdbezirk Bärwalde ab. Der daraufhin von Bachmann eingereichte Widerspruch wird nicht anerkannt. Später geht Bachmann vor das Verwaltungsgericht, um zumindest für Mischlinge eine Abschusserlaubnis zu erwirken. Noch ist nichts entschieden. Als Reaktion auf die Vereinsgründung ruft der Naturschutzbund (NABU) in Sachsen, mit 14 000 Mitgliedern der größte Umweltverband im Freistaat, im März 2004 eine Arbeitsgemeinschaft »Pro Wolf« ins Leben.

Im Briefkasten von Joachim Bachmann landen in jenen Wochen viele Postkarten und Briefe, in denen militante Wolf- und Tierschützer ihrem Unmut wenig sachlich Luft machten. »Jagdgeil« sei er und Schlimmeres, es geht bis hin zu Morddrohungen. Die Wolfexpertinnen und Umweltpolitiker verurteilen die Absender. Mit Polemik auf Polemik zu reagieren nütze niemandem – am allerwenigsten dem Wolf.

26. KAPITEL

EINE WOLFSJAGD IN SACHSEN

Ende Januar 2004: »Die Wölfe sind draußen! Es geschah, kurz bevor ich kam. Ich hab noch die Bäume wackeln sehen.« Umweltpädagoge Karsten Nitsch lacht, dabei findet er die Situation gar nicht komisch. Unmittelbar bevor er, die Rolle mit einer Schnur voller bunter Lappen auf der Schulter, durch den Schnee gerannt ist und die letzte Lücke mit dem beflaggten Seil schließen wollte, haben die Wölfe das Terrain verlassen. Damit gibt es keine Chance mehr, sie heute noch zu fangen. »Na ja, wieder mal Trockenübung«, meint Karsten und beginnt geduldig Meter um Meter der gerade erst ausgerollten Schnur wieder einzurollen.

Gesa mag es gar nicht hören. Die Wölfe sind raus! »O nein! Aber ... wenn es so schwer ist, sie zu fangen, dann haben sie wohl eine sehr gute Chance, zu überleben«, versucht sie, dem Ganzen etwas Positives abzuringen. Das Haar hängt ihr nass im Gesicht, es ist feuchtkalt, ungemütlich. Hinter ihr und den Helfern liegen Stunden harter Arbeit – und jetzt ist alles für die Katz.

Nach der Entscheidung des Sächsischen Umweltministeriums, die vermeintlichen Wolfmischlinge einzufangen und sie genetisch untersuchen zu lassen, hieß es warten. Warten auf Neuschnee. Denn nur dann lassen sich die Wölfe relativ genau orten. Wo frische Spuren in eine Dickung hineinführen, aber nirgendwo wieder heraus, da müssen sie sein. Doch das Wetter blieb trüb und regnerisch, es war ein grünes Weihnachten in der Oberlausitz. In der Wartezeit liefen die Vorbereitungen auf Hochtouren. Gesa, Ilka und einige für die Region zuständige Bundesförster fuhren in den Nordosten Polens, um dort die Lappenzäune zu holen. Und nicht nur das: Ein polnischer Biologe, erfahren in der Jagd mit den buntbeflaggten Leinen, gab den Deutschen viele Tipps, zeigte die wichtigsten Handgriffe. Denn die müssen sitzen, nichts darf dem Zufall überlassen werden, wenn man einen wilden Wolf fangen will. Wieder zu Hause, begannen die Trockenübungen.

Förster und Biologinnen übten das rasche Aufbauen der Lappenzäune und der Netze, in denen die Wölfe unverletzt und lebend gefangen werden sollen.

Dann endlich fällt am 5. Januar Schnee. Es geht los: Spuren suchen. Wo sind die Wölfin und ihre Jungen mit den großen Ohren, wegen denen die ganze Aktion gestartet wird? Eine Aktion, die Gesa und Ilka unmöglich allein durchführen können. Sie werden in diesen Wochen sehr von Franz Graf von Plettenberg und seinen Bundesförstern unterstützt. Plettenberg leitet das Bundesforstamt Lausitz, hat im Revier der Neustädter Wölfin die gleiche Aufgabe wie sein Amtskollege Rolf Röder in der Muskauer Heide und steht dem vierbeinigen Neuzuwachs genauso aufgeschlossen gegenüber wie der »Nachbar«. Gemeinsam fahren Förster und Biologinnen in das Revier des Rudels. Denn schon das Spurensuchen ist eine Sisyphusarbeit. Es geht nicht nur darum, überhaupt Fährten zu sehen. Das wäre für die beiden Wolfsexpertinnen keine Kunst. Es müssen ganz frische Spuren sein, und vor allem dürfen sie in ein bestimmtes Gebiet nur hineinführen, aber nicht wieder heraus. Man teilt sich auf, sucht mehrfach rings um das Gelände. Es dauert Stunden, bis sich das Team sicher ist: Hier sind die Wölfe rein – und nicht wieder raus.

Der Forstamtsleiter breitet das Messtischblatt auf dem Kühler seines Autos aus, misst, malt auf der Karte. Nichts wäre ärgerlicher, als wenn der Lappenzaun am Ende nicht reicht. »So, von da kommt der Wind, also sind wir zuerst dran«, sagt er zu Ilka. Eingelappt wird zuerst gegen den Wind, so dass die Wölfe möglichst spät die Menschen bemerken. Die vier Zweiergruppen fahren zu ihrem Startpunkt, an jeder Ecke des Gebietes einer – und dann geht´s los. Der Graf wuchtet sich die schwere Kabelrolle auf die Schulter und beginnt, das Lappenband auszurollen. Eine Knochenarbeit, die Zaunrollen sind schwer, und alle müssen sich beeilen, schnell durch den Schnee von Baum zu Baum über den unebenen Waldboden laufen, die Schnur um den Stamm wickeln, weiterlaufen ... Gesa und Karsten sind als Letzte dran. Sie warten auf Ilkas Kommando aus dem Funkgerät. »Wir sind fertig!« Die beiden rennen los, rollen, wickeln, rennen, rollen, wickeln ... Es kommt auf jede Minute an. Wenn die Wölfe sie bemerken und das Gebiet verlassen, bevor sie fertig sind, ist alles zu spät. So wie jetzt! Kurz bevor sie mit der nächsten Gruppe zusammentreffen, sieht Karsten ihre Spuren, raus aus dem Wald. Frisch, verdammt frisch!

So geht es dem Team noch weitere drei Male. Dann – endlich – am Abend des 31. Januar sind alle fünf Wölfe in der eingelappten Region. Es wird schon dämmerig, als das Team den Lappenzaun noch einmal abgeht, prüft, ob keine frischen Spuren herausführen. Sie machen sich bei dieser Methode, schlicht Lappjagd genannt, die große Scheu der

Einen Wolf zu fangen ist kein Kinderspiel. Die intelligenten Tiere haben einen schnell entdeckt.

Weiträumig wird das Fang-gebiet »eingelappt«. Die Wölfe trauen sich nicht unter den bunten Stoffleinen hindurch.

Wölfe vor flatternden Stofffetzen zunutze – eine sehr alte, erfolgreiche und vor allem relativ schonende Methode der Wolfsjagd. Vorsichtshalber werden die bunten Stoffbahnen noch mit einer für empfindliche Wildtiernasen übel riechenden Eigenkreation aus Scheibenputzmittel und Parfüm eingesprüht. Dann ziehen sich alle zurück. Über Nacht bleiben die Wölfe in der eingelappten Region. Zumindest hofft das an diesem Abend jeder.

Am nächsten Morgen kurz nach Sonnenaufgang: Zaunkontrolle. Ilka entdeckt eine Wolfsspur. Sie hält den Atem an, folgt ihr. Sie läuft parallel zum Zaun, der Wolf ist eilig hier entlang galoppiert. Aber die Abdrücke führen an keiner Stelle durch die Absperrung, verschwinden nach ein paar hundert Metern wieder im Wald. Perfekt! Es sieht so aus, dass alle fünf noch drinnen sind. Jetzt wird es ernst. Die Förster haben inzwischen zwei Netze aufgebaut. Zwei Lappenzaunstränge führen auf das Netz zu – wie ein Flaschenhals, die Wölfe sollen keinen Ausweg finden.

Nach getaner Arbeit geht jeder auf seinen Posten: Die beiden Biologinnen verstecken sich links und rechts vom Netz, jede hält eine Betäu-

bungsspritze parat. Auf ein Kommando hin beginnt eine lange Treiberkette, inzwischen zusammengestellt aus vielen freiwilligen Helfern,
langsam durch das Gebiet zu gehen. »Hopp, hopp, hopp!« Die Wölfe
sollen sie bemerken, sich Richtung Netz zurückziehen, aber nicht gehetzt werden. Zwischen ihnen und dem Netz haben sich verschiedene
»Späher« verteilt. Sie melden den Biologinnen, wenn die Tiere kommen.

Gesa hockt sich hinter einen Baum, direkt am Netz. Es ist ganz still
im Wald, nur ein paar Krähen krächzen. Holger und Uwe, die das Team
während der ganzen Aktion begleitet haben, nehmen ihre Positionen
ein. Holger ist mit seiner kleinen, leichten Kamera bei Gesa, Uwe bei den
Spähern. »Info an Netz: Treiben beginnt!«, krächzt es aus Gesas Funkgerät. Schon bald dringen die Rufe nach vorn zum Netz. »Mensch, die
sind schon so weit«, sagt Gesa. »Hoffentlich verstecken sich die Wölfe
nicht und die laufen an ihnen vorbei.« Doch dann: »Achtung! Tier
durch!«, meldet einer der Späher. Ein Wolf hat ihre Linie passiert, läuft
auf den Flaschenhals zu. Gesa hält vor Aufregung die Luft an, kauert
sich noch tiefer an den Boden. Holger verkriecht sich so tief wie möglich in das Gestrüpp, hält die Kamera auf Gesas angespanntes Gesicht.
»Achtung, er kommt, er kommt!«, knattert es aus irgendeinem Funkgerät.

Von der Aufregung vorn am Netz bekommt Uwe nichts mit. Doch
plötzlich sieht er zwei der vermeintlichen Wolfsmischlinge. Sie laufen
suchend umher, scheinen jedoch ziemlich »cool«, wie der Filmer später an Gesa durchgibt. Offenbar haben sie die Menschen noch nicht be-

*Schattenspiele. Der Wolfsfang
mit einem Lappenzaun ist
eine besonders harmlose
Methode.*

*Ein Neustädter Jungtier.
Später wird es gefangen und
lebt heute als »Mariechen«
in Bayern in einem Gehege.*

merkt. Mehrere Minuten lang kann Uwe sie drehen, bevor sie wieder aus seinem Blickfeld laufen. Dann rennt plötzlich ein Reh vorbei. Die Treiberkette kommt allmählich auf ihn zu. Die Männer gehen geduldig weiter durch den Wald: »Hopp, hopp, hopp ...«. Sie können nicht ahnen, was gerade viel weiter vorn passiert. Ein Wolf läuft in den Flaschenhals, rennt direkt in die Maschen. Mit einem Satz sind Gesa und Ilka auf den Beinen, spurten los. Holger bleibt zurück, würde da vorn, wo es jetzt auf jeden Handgriff ankommt, nur stören.

Wenig später liegt das Tier, betäubt von einem Beruhigungsmittel, auf einer Decke, ein schwarzes Tuch um die Augen, um sie vor Licht zu schützen. Leicht krault Ilka das Fell: »Die kleine Wölfin!« Es ist das Muttertier. Die Anspannung löst sich, ein erstes Lächeln stiehlt sich auf die Gesichter der beiden Frauen und des Forstamtleiters. Geschafft. Sie haben sie. Doch sofort arbeiten sie zügig weiter. Sie nehmen die Blutprobe für die genetische Untersuchung, messen sie von der Sohle bis zum Rücken. »Stockmaß zweiundsechzig«, sagt Ilka, »wirklich ein Miniwolf!« Für polnische Wolfsfähen sind in der Literatur sechzig bis achtzig Zentimeter angegeben, für Rüden im Durchschnitt zehn Zentimeter mehr. »Vorderpfoten acht lang und sechs breit«, diktiert Ilka.

»Ja, unsere Kleine«, meint Gesa. Wie oft haben sie schon ihre Spuren gesehen. Sie prüfen die Zähne, »prima Gebiss, alles in Ordnung«, und wiegen sie: nur fünfundzwanzig Kilo, für eine ausgewachsene Wölfin ausgesprochen leicht. Normalerweise bringen es Fähen in Polen auf durchschnittlich fünfunddreißig bis vierzig Kilogramm. Die Biologinnen haben Halsbänder dabei, die mit einem kleinen Sender versehen sind, und entscheiden sich für ein besonders leichtes. Da sie die Tiere wegen des Verdachts auf Hybriden ohnehin fangen mussten, wollen sie die einmalige Chance nutzen, die Wölfin mit einem Sender auszustatten. Sollten sie die Jungtiere an diesem Tag nicht ins Netz bekommen, wird die Wölfin sie in den nächsten Tagen zu ihnen führen. Die aufwändige Suche wäre dann deutlich einfacher. Doch auch nach der Fangaktion kann ihnen der Sender gute Dienste leisten: Sie werden so erfahren, wie groß das Revier der Wölfin ist und wo Viehhalter gegebenenfalls Vorsorge treffen müssen. Ohne solche besenderten Tiere ist ein Monitoring, wie es zu einem effektiven Wolfsmanagement gehört, kaum möglich.

Eine gute halbe Stunde später ist alles erledigt. »Wir haben die Mutter gefangen«, gibt Gesa an die Treiberketten durch. »Wir können gleich wieder mit dem Treiben beginnen. Hat jemand von euch die Jungtiere gesehen?« Keiner, außer Uwe. Während die Wölfin mit ihrem neuen blauen Senderhalsband auf der Decke liegt und ganz langsam wieder

Allmählich erwacht die Neustädter Wölfin von ihrer Narkose. Schon bald wird sie wieder jagen können.

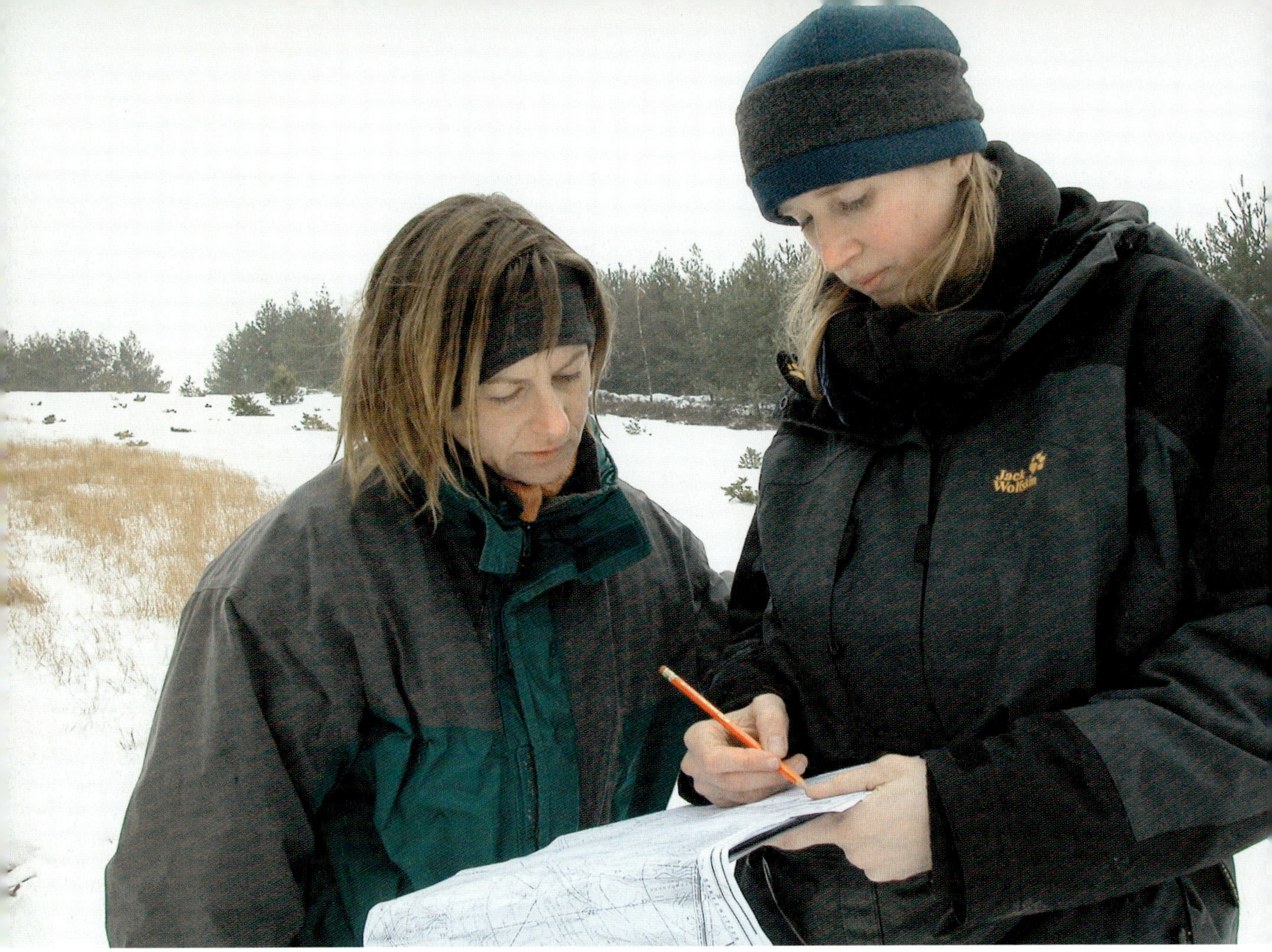

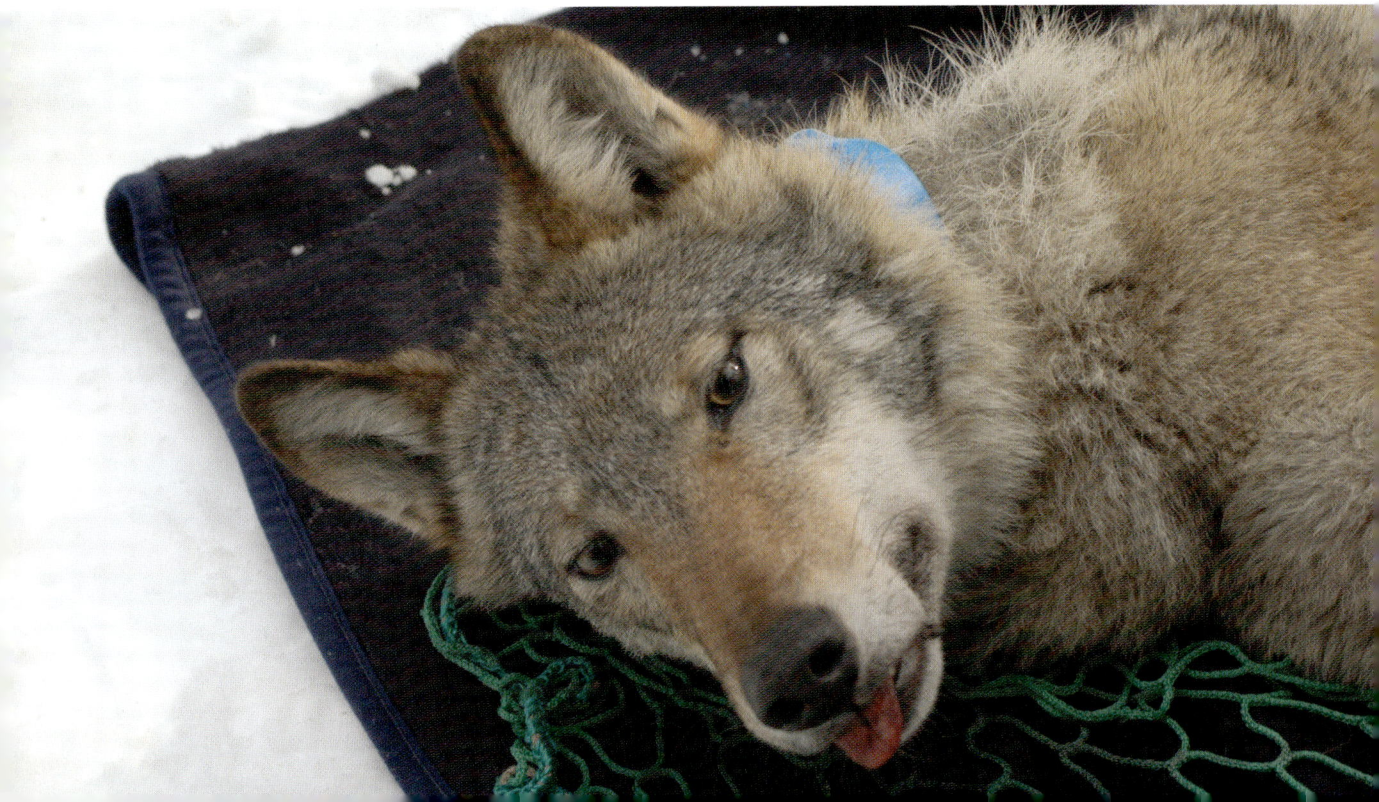

erwacht, gehen alle erneut auf ihre Position. Tauwetter hat eingesetzt, es tropft von den Bäumen, die Wartenden werden wie von Regen durchnässt. Die Pause, bevor die Treiber wieder losgehen, nutzt Holger für seine, wie er es nennt, berühmte Frage: »Wie fühlst du dich?«

Gesa lacht. »Erleichtert! Unser Fang zeigt, dass die Methode funktioniert, dass sich die ganze Vorarbeit gelohnt hat.«

Tatsächlich gelingt dem Team an diesem Tag noch der Fang eines jungen Rüden. Auch ihm entnehmen die Biologinnen eine Blutprobe, vermessen ihn, wiegen ihn.

Am nächsten Tag wird der junge Rüde nach Bayern gebracht. In einem Gehege des Nationalparks Bayerischer Wald soll er so lange bleiben, bis das Ergebnis des Gentests vorliegt. Ilka und Gesa haben wenig Hoffnung, dass dabei etwas Gutes herauskommt. Primus – so wird er von den Bayern genannt – sieht mit seinen dunklen Flanken, den großen Ohren und dem leicht nach oben gebogenen Schwanz einem Schäferhund sehr ähnlich und ist zudem deutlich kleiner als ein Wolf im gleichen Alter. Zwei Wochen später können die Biologinnen noch ein weiteres Jungtier fangen. Mariechen, wie man sie bald nennt, ist vom hellgrauen Typ, gleicht ihrer Mutter deutlich mehr als der Bruder. Aber auch ihre Beine sind kurz und die Ohren verräterisch groß.

Die beiden anderen Welpen sehen die Biologinnen nie wieder. Ob sie gestorben sind oder in besonders jungem Alter abgewandert, weiß niemand.

Im Mai schließlich ist es klar: Primus und seine Schwester sind Mischlinge, die Kinder eines Hundes und einer Wölfin. Damit ist entschieden, dass sie nicht wieder in die Freiheit entlassen werden. Es gelingt den beiden Tieren nur schwer, sich im Gehege einzuleben. Als Zootiere sind sie völlig ungeeignet. Wie ein wilder Wolf, wie seinerzeit der dreibeinige Naum in Brandenburg, haben sie so große Angst vor Menschen, dass sie schon von weitem die Flucht ergreifen, sich stundenlang verstecken. Jegliche Besucher müssen von ihnen fern gehalten werden.

Und noch etwas hat der Gentest bewiesen: Die kleine Neustädter Wölfin ist reinblütig. In den Wochen nach dem Fang kursiert immer wieder das Gerücht, die Wölfe seien möglicherweise alle Mischlinge. Die Mitglieder des Vereins Sicherheit und Artenschutz sehen darin im Nachhinein noch ein weiteres Argument für ihren beantragten Abschuss: Solche Mischlinge seien ja noch viel gefährlicher als Wölfe.

Nur wenige Wochen nach der Fangaktion, als die Paarungszeit der Wölfe ihren Höhepunkt erreicht, hören die Neustädter die Wölfin oft heulen. Viele haben Mitleid mit ihr. Denn es ist der Ruf eines einsamen Tieres – einen fremden Wolf wird sie auch in diesem Winter nicht finden.

Holger ist mit der Kamera bei der Fangaktion dabei. Doch bis die Wölfe kommen, muss er lange warten.

Sorgfältige Vorbereitung führt schließlich zum Erfolg: Das Team konnte die kleine Neustädter Wölfin fangen.

27. KAPITEL

WAIDMANN UND WOLF

Der Wolf frisst mein Wild, und deshalb muss er weg! Auf diese simple Formel reduzieren viele Jagdgegner die kritische Einstellung mancher Waidmänner zum Wolf. Sie mag bei einigen Vertretern der grünen Zunft das Wesentliche treffen. Doch in der Oberlausitz zeigt sich die Diskussion um die Neubürger im Revier weitaus facettenreicher.

Frisst der Wolf den Wald wildleer?

Der junge Jäger warnt vor den Extremen: »Erst übertreibt man in die eine Richtung, so dass wir gar keine Wölfe mehr haben. Und jetzt übertreiben wir in die andere Richtung: Die Wolfpopulation steigt und steigt.« Er meint, dass es für den Menschen an der Zeit sei, in die Entwicklung einzugreifen. In seinem Jagdrevier habe das Rehwild, wenn es überhaupt noch da sei, keine Kitze mehr, sagt er im Februar 2004 auf einer öffentlichen Debatte zum Thema Jagd und Wolf in Neustadt. »Wenn wir so weitermachen, dann ist das Reh- und Rotwild irgendwann mal ausgerottet.«

Der Amtsvorsteher des Bundesforstamtes Muskauer Heide, Rolf Röder, schätzt die Situation völlig anders ein. »Der Abschuss von Wildschweinen hat sich in der Muskauer Heide in den letzten zehn Jahren nahezu verdreifacht, der des Rotwildes verdoppelt. Für beide, Wolf und Jäger, bleibt also immer noch genug.« Die meisten Jäger der Region glauben ebenfalls nicht, dass der Wolf ihnen das Wild wegfrisst. Äußerungen wie die auf dem Neustädter Diskussionsabend sind eher die Ausnahme. So ärgert sich Jochen Gässner, Vorsitzender der Rotwild-Hegegemeinschaft Muskauer Heide, denn auch darüber, dass die Jäger von den Medien oft in eine Ecke gestellt werden: als diejenigen, die den Wolf abschießen wollen, weil er ihnen als Konkurrent lästig ist. »Das lässt sich offenbar gut verkaufen, entspricht aber nicht der Wahrheit.« Die Mehrheit der Mitglieder in seiner Hegegemeinschaft, davon ist er überzeugt, wollen mit dem Wolf leben, fühlen sich dem Naturschutzgedanken verpflichtet. Er distanziert sich vehement von der Panik-mache einiger weniger aus den Reihen der Waidmänner, die den Wolf als möglichen Kindermörder verunglimpfen und seinen Abschuss fordern. Gässner will im Gegenteil die Grauen im Gebiet halten, hofft sogar, dass sie Nachschub aus Polen bekommen und sich in der Oberlausitz ganz etablieren.

Er weiß jedoch, dass einige seiner Jagdkollegen das kritischer sehen, dass sie den Wolf als eine Wertminderung für ihr Revier deuten. Das Wild, so argumentieren sie, sei scheuer, schwerer zu jagen und seltener geworden. »Zumindest die Rehe haben es sehr schwer durch den Wolf«, meint auch Gässner. Es gäbe Reviere, wo kaum noch welche zu sehen seien. Tatsächlich fressen die Wölfe der Muskauer Heide am häufigsten Rehe, das haben zumindest die Losungsanalysen ergeben. Andererseits werden schon seit langem mal viele, dann wieder wenige Rehe übers Jahr geschossen, die Zahlen schwanken stark. Und das taten sie auch schon, als es noch keine Wölfe in der Oberlausitz gab. Da ist es schwer, abzuschätzen, ob und welchen Einfluss der Wolf hat.

Fakt ist hingegen: Das Muffelwild ist weg. Die wilden Schafe von einstmals rund dreihundertfünfzig Häuptern sind in der Muskauer Heide schlicht eliminiert durch die grauen Räuber. Die eingebürgerten Tiere sind für die Jäger in den betroffenen Revieren verloren. Die Ge-birgsschafe sind für den Wolf besonders leicht zu erbeuten, weil sie nicht an die Landschaft der Oberlausitz angepasst sind. Nicht jeder sieht darin ein Ärgernis. Christian Berndt, Vorsitzender des Kreisjagdver-bandes Niederschlesischer Oberlausitzkreis, würde sich sogar freuen, wenn einige Wölfe von der Muskauer Heide gen Süden in die Königs-hainer Berge zögen. Dort leben noch große Trupps der wilden Schafe, richten viele Schäden an und sind nur sehr schwer zu bejagen. »Einen Jagdpartner könnte ich da gut brauchen«, sagt er.

Dass Wölfe ihre Beutetiere, wie beim Muffelwild in der Oberlausitz geschehen, völlig ausradieren, konnten Wildbiologen bislang nur in extremen Ausnahmefällen beobachten. Über die Beziehung Wild und Wolf sind schon viele Seiten von verschiedensten Wissenschaftlern ge-schrieben worden. Sie machen nur eines klar: Der Einfluss der Wölfe auf das Wild und umgekehrt ist so vielfältig wie die Bedingungen, in denen beide leben. Jagd, andere Raubtiere, Witterung und Landschaft spielen ebenfalls eine große Rolle. Von einem System auf ein anderes zu schließen, ist nahezu unmöglich. Nur eine Untersuchung in der Ober-lausitz selbst und noch dazu über viele Jahre könnte deutlich machen, wie Wild und Wolf sich wirklich zueinander verhalten. Angesichts der wachsenden Abschusszahlen und der verschwindend kleinen Wolfpo-pulation in Sachsen scheint eines klar: Dass die Wölfe verschwinden,

Die meisten Jäger stellen sich der Verantwortung, den Wolf zu schützen. Manche sehen ihn sogar gern.

Der Wolf jagt Wild, das auch den Jäger interessiert. Doch nicht jeder Waidmann fürchtet ihn als Konkurrenten.

bevor irgendjemand ihren Einfluss auf das Wild erforscht hat, ist viel wahrscheinlicher, als dass Jäger und Förster nicht mehr jagen können, weil Hirsch, Reh und Wildschwein zu selten geworden sind.

Verbeißt das Wild den Wald aus Angst vorm Wolf?

»Die Wölfe gehören zurück nach Sibirien«, schimpft einer der Gäste bei der Neustädter Diskussionsrunde. Seit der Wolf in der Region sei, würden die Wildschweine den Acker zerwühlen, man käme überhaupt nicht mehr gegen diese riesigen Rotten an. Das Wild verhalte sich anders, seit die Raubtiere in der Region leben, davon sind viele Jäger überzeugt. Gässner zum Beispiel fand eine ganze Rotte Wildschweine, die der Reviernachbar Rolf Röder schon tagelang im Bundesforst vermisste, am helllichten Tag in einem Sumpfgebiet. *Ein* Grund, warum die Schwarzkittel den Truppenübungsplatz mieden und nicht in den Wald zurückkehrten, vermutet er, seien die Wölfe. Denn die würden sich tagsüber dort aufhalten. Von »Angstrudeln« spricht Christian Berndt beim Rotwild. Vierzig bis fünfzig Stück Rotwild würden sich manchmal auf einer Wiese

202

oder einem Feld versammeln. So viele an einem Platz seien das früher nicht gewesen.

Das Problem, das die Jäger darin sehen: Bleiben Hirsch und Wildschwein länger als gewöhnlich und dann auch noch in größeren Gruppen auf Feldern oder Weiden, können sie dort mehr Schaden anrichten. Für solche Schäden ist in der Regel der Jagdpächter verantwortlich. Wild ist nach deutschem Recht herrenlos, niemand kann daher staatliche Ausgleichsforderungen erwarten wie ein Schafhalter. »Das kann so manchen Revierpächter in den Ruin treiben«, meint Gässner, »das Geld sitzt hier wahrhaftig bei vielen nicht locker.«

Nicht nur auf Acker und Wiese richte das Wild Unheil an, weil es sich dort länger und in größeren Gruppen aufhalte als früher. Auch die Bäume im Wald erlitten mehr Schäden, weil Reh und Hirsch aus Angst vor den grauen Räubern das schützende Dickicht nicht verließen.

Waldschäden sind ein weit verbreitetes Problem. Rotwild schält oft die Rinde von Bäumen ab, Rehe und Hirsche fressen die Triebe junger, nachwachsender Bäume. Beides führt bundesweit zu immensen Schäden in den Wirtschaftswäldern. Die Kosten dafür hat, zumindest in den öffentlichen Wäldern, der Steuerzahler zu tragen. An und für sich müssten Raubtiere wie Wölfe das Problem beheben helfen, weil sie die Problemverursacher jagen. Jedes Reh, das ein Wolf erbeutet, ist ein Knospennascher weniger, jeder Hirsch ein Baumschäler weniger. »Wo der Wolf geht, wächst der Wald«, heißt somit auch ein russisches Sprichwort. Trotzdem glauben einige Jäger in der Oberlausitz, dass durch den Wolf

Das Reh steht auf der Speisekarte der Lausitzer Wölfe an erster Stelle.

eher mehr dieser Schäden entstehen – zumindest lokal betrachtet, in bestimmten Revieren.

Weniger Wild und höhere Wildschäden – wenn dem so wäre, dann träfe das die Privatjäger deutlich. Weniger Wildbret zum Verkauf, häufigere Fahrten zum Ansitz, höhere Schadensbegleichung. Es ist aus ihrer Sicht wichtig, eine Erklärung für ihre Beobachtungen zu finden. Wölfe, zumindest mehr als nur einer oder zwei, sind relativ neu im Gebiet. Deshalb liegt es für einige nahe, dass der Wolf der Auslöser für diese Phänomene ist. Doch ist er es wirklich? Kann er es überhaupt sein? Oder ist er, wie Wolfbefürworter und durchaus auch Fachleute kritisieren, für manche Jäger nur ein Sündenbock für ungelöste Probleme?

Die beiden Wissenschaftlerinnen Gesa Kluth und Ilka Reinhardt kennen die Sorgen der Jäger. Auch sie können dazu nur theoretische Überlegungen anstellen. Denn sie finden in der gesamten Fachliteratur keinen einzigen Bericht, der einen Zusammenhang zwischen Wölfen und erhöhten Wildschäden beschreibt.

Wildbiologen, mit denen die Biologinnen über das Phänomen sprechen, sehen ganz andere Ursachen für die Wildschäden: In einem ausgeräumten Wirtschaftwald, in dem es keinen Unterwuchs gibt, frisst das Wild jeden frischen Trieb, den es findet, sofort weg. »In einem Wirtschaftwald kann ein einziges Reh verhindern, dass auch nur ein Bäumchen groß wird«, sagt Rolf Röder. So treibt der momentane Waldzustand das Wild zum Schälen und Verbeißen, wodurch verhindert wird, dass der Wald mit üppigem Unterwuchs und frischem Grün wieder wildgerechter wird. Solange ausgeräumte Wirtschaftsforste vorherrschen, müssen Jäger und Förster dafür sorgen, dass die Wilddichte den Verhältnissen im Wald angepasst ist. Raubtiere wie Wölfe könnten dabei durchaus Jagdpartner sein.

Auch die Jagd selbst sei eine wesentliche Ursache für Schäden im Wald, glaubt etwa der Wildbiologe und Jäger Ulrich Wotschikowsky vom VAUNA e.V. Einerseits sollen die Jäger das Wild reduzieren, um so Schälschäden vorzubeugen. Andererseits sind Wildtiere hierzulande gerade durch die Jagd extrem scheu geworden und verlassen erst in der Dämmerung das Dickicht. Die Dunkelheit, in der sie sich dann schließlich herauswagen, schützt sie allein vor dem menschlichen Jäger. Vor dem Wolf nicht, denn der jagt, ebenfalls in Anpassung an menschliche Aktivität, in der Regel nachts.

Sich selbst überlassen, würden sich Rothirsche von Natur aus eher im Offenen aufhalten als im Wald. Sie stammen aus den Kältesteppen Mittelasiens, sind an offene und halb offene Flächen angepasst. Sie sind »Augentiere« und fühlen sich dort wohl, wo sie alles gut überblicken können. Zum Schutz vor Feinden, egal ob Wolf oder Mensch, schließen sie sich zu größeren Rudeln zusammen. Das Risiko für das einzelne Tier wird dadurch kleiner. Das Prinzip ist einfach: Viele Augen sehen mehr. Mehrere Tiere können sich besser verteidigen als einzelne. Und schließlich kann ein Raubtier schwerer ein bestimmtes Tier fixieren, wenn es so viele vor sich her rennen sieht. Neben Wildschäden ist das ein Grund mehr, warum Jäger solche Rudel ungern im Revier haben. Denn ein bestimmtes Tier in einer großen Menge zu erlegen ist ausgesprochen schwer.

Wölfe sind, anders als Hirsche, Nasentiere. Sie verfolgen Spuren, wittern das Wild, nähern sich ihm gegen den Wind. Sie brauchen dafür keine offenen Flächen, finden das Wild genauso im Wald wie auf der offenen Wiese oder im Sumpf. Stöberhunde beweisen das immer wieder. Sie werden von den Jägern genau in die Regionen geschickt, in denen sie sich selbst kaum bewegen können: in Schilfbestände, Sümpfe, dichtes Unterholz. Wo sich ein Hund bewährt, sollte auch sein Urahn gute Karten im Aufstöbern von Beutetieren haben. Dass sich der Hirsch vorm Wolf im Wald versteckt und die Sau im Sumpf, ist deshalb zumindest aus biologischer Sicht eher unwahrscheinlich.

Und warum die Wildsauen in so großer Menge auf die Felder ziehen und dort Schaden anrichten, erklärt sich laut Wildbiologe Ulrich Wotschikowsky schlicht durch ihre große Zahl: »Die Jagdstrecken der Wildschweine haben sich in Sachsen in den letzten fünf Jahren verdreifacht«, macht er an jenem Abend in Neustadt noch mal klar. Ein Jäger aus der Oberlausitz pflichtet dem Gast aus Oberammergau bei: »Wir haben hier arme Kiefernstandorte. Wenn darin zu viel Wild lebt, dann zieht es in die Felder. Dann haben wir auch mal fünfzig Stück Rotwild auf einer Wiese. Und das Schwarzwild geht eben auf die Äcker, wenn da der Raps und der Mais wächst. Das war schon immer so.«

Verscheucht der Wolf dem Jäger das Wild?

Bleibt das Reh im Wald, verzieht sich die Sau im Sumpf, steht das Rotwild im großen Rudel auf der Wiese, dann wird die Jagd schwer. »Wie sollen wir unseren Abschussplan erfüllen«, schimpfen einige Waidmänner, »wenn sich das Wild nicht aus dem Wald heraustraut?« Wildbiologe Wotschikowsky sieht für die Schwierigkeiten bei der Bejagung die gleiche Ursache wie für die hohen Schälschäden – die Jagd selbst. Und aus den gleichen Gründen: Das Wild wird scheu, ist zum guten »Büchsenlicht« noch tief im Wald. Der Jäger muss wieder und wieder kommen – und löst dadurch eher noch scheueres Verhalten aus. Der Wolf mag an der einen oder anderen Stelle auch dafür sorgen, dass sich das Wild genau an diesem Abend, an dem der Jäger ansitzt, woanders aufhält als gewöhnlich, dass es unruhiger ist als sonst, weil es das Raubtier in der Nähe weiß und in seinem Verhalten darauf reagiert. Doch der alleinige Auslöser dafür, dass Hirsch und Reh sich nicht aus dem Wald trauen, ist der Graue mit Sicherheit nicht. In nordamerikanischen Nationalparks leben Wölfe, Bären, Kojoten und Pumas. Trotzdem kommen die Wapiti-Hirsche, die amerikanischen Vettern unserer Rothirsche, am Tag auf die freien Flächen – sehr zur Freude der Touristen, die für die Tiere offenbar auch kein großer Störungsfaktor sind.

»Immer wieder beobachten wir Hirsche oder Rehe, die ganz in Ruhe äsen, obwohl wir das Sendersignal von der Wölfin so laut hören, dass wir wissen: Sie muss gleich um die Ecke sein«, erzählt Ilka. Eine Beobachtung, die auch schon verschiedene Förster und Jäger gemacht haben. Das Wild passt sich den Gegebenheiten an. Es bleibt, es zieht einfach ein Stück weiter oder flieht – dann, wenn es wirklich drauf ankommt.

»Das Problem ist, dass wir zurzeit einfach noch nicht wissen, welchen Einfluss die Wölfe hier in der Region wirklich auf das Wild haben, weder auf ihre Zahl noch auf ihr Verhalten«, sagt Ilka Reinhardt. Es fehle an Daten, und die Zeit mit den Grauen in Sachsen sei erst sehr kurz. Christian Berndt fände es gut, wenn man ein bis zwei Wölfe und fünf bis zehn Rothirsche mit Sendern ausstatten und ihr Verhalten beobachten würde. »Dann könnte man sagen: Dort ist der Wolf, da sind die Hirsche. Dann könnte man beobachten, was sie wirklich machen, wenn ein Wolf in der Nähe ist.«

Die beiden Biologinnen des Büro LUPUS haben zumindest die Neustädter Wölfin seit ihrem Fang im Januar 2004 schon oft mit der

Seit die Neustädter Wölfin ein Senderhalsband hat, können Gesa und Ilka verfolgen, wo sie sich aufhält.

Peilantenne verfolgen können. Dabei haben sie Folgendes festgestellt: Die Wölfin hat einen Aktionsradius von über zweihundert Quadratkilometern und läuft in einer Nacht oft über zwanzig Kilometer. Gesa und Ilka müssen sie jedes Mal erst wieder mühsam suchen, denn sie verhält sich oft unvorhersehbar. Und genau das tut auch das Wild, wenn es den Wolf in seiner Nähe weiß. »Die Beobachtungen der Jäger, dass das Wild nicht mehr zu festen Zeiten aus der Dickung kommt, passen dazu«, sagt Gesa. »Aber das heißt nicht, dass überall dort, wo ein Jäger mal mehrere Tage hintereinander ansitzt und kein Wild sieht, dauernd der Wolf ist. Dafür ist dessen Revier viel zu groß.«

Solange keine eindeutigen Daten vorliegen, wird niemand genau sagen können, was der Wolf beim Wild tatsächlich bewirkt. Sicher ist wohl nur eines: Das Thema liefert immer wieder Stoff für angeregte Diskussionen.

Noch immer lebt in der Oberlausitz so viel Rotwild, dass an manchen Stellen große Schälschäden entstehen.

Gesa und Ilka erleben auf ihren Vorträgen und bei den anschließenden Diskussionen die ganze Palette: entschiedene Wolfsgegner, die alle Wölfe am liebsten abschießen würden; solche, die den Wolf tolerieren, aber froh wären, wenn es ihn nicht gäbe; solche, die ihn akzeptieren, aber durchaus Probleme durch ihn sehen, und schließlich solche, die stolz sind, ihn im Revier zu haben und in ihm eine Bereicherung für die Tierwelt Sachsens sehen.

Die Biologinnen fühlen sich von den meisten Jägern der Oberlausitz akzeptiert. Viele unterstützen sie, teilen ihnen ihre Beobachtungen mit. Die Wolfsexpertinnen wissen, dass es sehr wichtig ist, mit ihnen eng zusammenzuarbeiten. »Der Wolf hat nur mit den Jägern eine Chance«, sagen sie. Der Präsident des Landesjagdverbandes Sachsen, Günter Giese, lässt keinen Zweifel aufkommen: »Der Abschuss eines Wolfes ist eine Straftat. Wer dabei erwischt wird, ist die Jagderlaubnis los.«

Klare Worte, die Gesa und Ilka häufig bei vielen Jägern vermissen. »Es wäre gut, wenn sie eindeutiger Stellung beziehen, sich deutlicher von der kleinen, aber sehr medienwirksamen Gruppe Jäger distanzieren würden, die polemisieren und den Wolf als Kindermörder und Wildvernichter darstellen«, wünschen sich beide. Sie erleben die weitaus meisten Waidmänner als verantwortungsbewusst und freuen sich darüber. Trotzdem: Die Sorge um die Wölfe bleibt. Rein rechnerisch betrachtet, machen die rund 330 000 Jäger in der Bundesrepublik nur 0,4 Prozent der Bevölkerung aus. Die schwarzen Schafe darunter, die illegal ein hoch geschütztes Tier schießen würden, machen wiederum nur einen kleinen Bruchteil davon aus. Und doch, so hat die Geschichte der einwandernden Wölfe nach 1945 immer wieder gezeigt: Sie entscheiden über Leben und Tod der vierbeinigen Rückkehrer, denn sie sitzen im wahrsten Sinn des Wortes am Drücker.

VIER JAGDSZENEN FÜR VIELE

Satter Wolf

Der Morgen dämmert. Ein Rudel Rotwild äst auf der Melkkoppel. Zwei Jäger, Revierinhaber und Gast, pirschen sich langsam entlang der Waldkante an, ein Jungtier soll an diesem Morgen erlegt werden. Hundert Meter etwa trennt die beiden Waidmänner noch von den Tieren, als sich plötzlich von der anderen Seite her ein weiterer Jäger nähert – auf vier Pfoten: Ein Wolf zieht über die Koppel, ohne Hast. Das Rudel bleibt, flüchtet nicht. Es teilt sich, die Tiere beobachten den Grauen ohne sichtbare Zeichen von Panik. »Wie eine Gnuherde, durch die ein satter Löwe zieht«, meint der Jagdgast später. Der Wolf läuft mitten durch das Rotwildrudel hindurch. Etwa dreißig Meter vor den Jägern bleibt er stehen, wittert und läuft in scharfem Trab in den Bundesforst des Truppenübungsplatzes hinüber. Kaum ist er verschwunden, kommt das Rotwild wieder zusammen, schließt die Lücke und äst weiter, als sei nichts geschehen. Wenig später gelingt es dem Jagdgast, eine junge Hirschkuh zu erlegen.
Nach einer Beobachtung von Uwe Gutte, 1995

Saujäger

Eigentlich ist der Jäger an diesem Maimorgen viel zu spät dran. Den Wecker hat er überhört, es ist bereits fast hell. Trotzdem will er es versuchen, will auf der Kanzel den dreijährigen Bock abwarten, den er während der letzten Ansitze hier immer wieder gesehen hat. Doch auf halbem Weg vom Auto zur Kanzel bemerkt er Sauen am gegenüberliegenden Waldrand. Er pirscht sich an, nimmt ein etwa einjähriges Jungtier aufs Korn, wartet, bis es die Breitseite zeigt – und schießt. Die Wildschweine flüchten in den Wald. Hat er getroffen? Der Jäger steigt die Kanzel hoch, um sich einen Überblick zu verschaffen. Er ist die Leiter noch nicht oben, da rasen zwei kleine Wildschweine hakenschlagend über die Wiese, eines direkt auf den Hochstand zu. Was ist da los? Dann sieht er ihn: einen Wolf! Er kommt zielstrebig vom Waldrand her, erreicht den einen Frischling kurz vor der Kanzel, haut ihn mit einem Pfotenhieb von den Beinen und packt zu. Er legt das getötete Tier ab, wittert und läuft dem anderen Frischling hinterher. Genauso schnell, mit der gleichen Jagdtaktik, fängt und tötet er ihn. Den Jäger auf der Kanzelleiter bemerkt er nicht. Er nimmt das kleine Wildschwein wieder auf, läuft über die Wiese und verschwindet im gegenüberliegenden Dickicht.

Ein Hirsch, das nachwachsende Geweih von samtener Haut umhüllt, äst genau an der Stelle, an der erst kurz zuvor der Wolf aus dem Wald gekommen ist. Das Tier ist offenbar völlig unbeeindruckt von dem Geschehen – ganz anders als der Jäger. Etwa zwanzig Minuten später

sieht der den Wolf zum zweiten Mal: Er kommt auf die Wiese zurück, packt, keine sechzig Meter von der Kanzel entfernt, den zuerst getöteten Frischling und trägt auch ihn in den Wald. Danach bleibt die Wiese leer.

Wenig später findet der Jäger die Jungsau, auf die er zuvor geschossen hat. Er hat getroffen!

Nach einem Bericht von Rainer F. Kokenbrink: »Wolfsjagd«, Deutsche Jagd-Zeitung 7/02

Harte Hiebe

Eine Rothirschkuh zieht über die Wiese, in ihrem Schlepptau ein kleines, gerade mal drei Wochen altes Kalb. Es ist kaum zu sehen in dem hohen Gras. Es bleibt stehen, schaut sich um und legt sich hin, ist nun vor den Blicken des Jägers verborgen, der auf der anderen Seite der Wiese auf einer Kanzel sitzt. »Abliegen« nennen die Biologen und Jäger dieses Verhalten kleiner Hirschkälber. In den ersten Lebenswochen legen sie sich in ein sicheres Versteck, während die Mutter äst. So sind sie in der Regel besser vor Räubern geschützt, solange sie noch nicht

Die kleinen Frischlinge werden gern vom Wolf gejagt. Doch nach wie vor leben sehr viele Wildschweine in Sachsen.

schnell mit den Alttieren mitlaufen können. Die Hirschkuh zieht langsam weiter. Nur wenig später läuft ein Wolf über die Wiese. Der Jäger sieht
ihn direkt an der Stelle, wo sich gerade zuvor das Kalb niedergelegt hat,
vorbeilaufen. Dann, plötzlich, bleibt er stehen, wittert, kommt zurück.
Ein Klagelaut dringt über die Wiese, geht dem Jäger durch Mark und Bein.
Im selben Moment sieht er die Hirschkuh zurückkommen. Heftig schlägt
sie mit den Vorderläufen nach dem Wolf. Der wagt keine Gegenwehr,
die scharfen Hufe der Hirsche sind tödliche Waffen, und läuft davon.
Das Kalb steht auf und folgt, offenbar unbeschadet, seiner Mutter.
Erzählt von Bundesförster Rolf Röder nach dem Erlebnis eines Jagdgastes

Leere Lichtung

»Und? Erfolg gehabt?« Die Zimmernachbarin in der Pension will gerade
zum Frühstück gehen, als er von der Jagd zurückkommt. »Nein, leider
nicht!« Er ist müde, hat stundenlang angesessen und nichts entdeckt.
Er hatte es auf einen Bock abgesehen. Die letzten Tage sei der immer da
gewesen, hat der Revierinhaber erzählt. Der Jäger tritt schon lange in die
Lausitz zum Jagen, hat hier immer gute Erfolge erzielt. Es gibt ja viel
Wild in den Wäldern. Aber jetzt, seit diese Wölfin im Revier ist, mag das
nicht mehr so recht klappen. Da sitzt er stundenlang an, und nichts
kommt. Das Wild ist so unruhig geworden, tritt nicht mehr so vertraut wie
sonst auf die Wiese. Vielleicht ist heute Nacht wieder die Wölfin da gewesen, hat den Bock verunsichert, so dass der nicht herauskommen
mag. »Wie finden Sie das, einen Wolf im Revier?«, fragt die Nachbarin.
»Na, mir wäre schon lieber, er wäre nicht da«, meint er, lächelt dann
aber und sagt: »Aber was soll ich machen? Er ist ja nun mal da!« Er
schultert sein Gewehr und geht in sein Zimmer. Erst mal Ausschlafen,
vielleicht hat er ja heute Abend mehr Glück.
*Nach einem Gespräch der Autorin in Neustadt mit einem Pensionsgast aus
Süddeutschland, Juli 2004*

28. KAPITEL

(K)EINE CHANCE FÜR WÖLFE IN DEUTSCHLAND?

Warum setzt man nicht einfach einen Wolf aus, damit die Wölfin einen Partner hat?« Das werden Ilka und Gesa auf ihren Vorträgen in den Wochen nach Bekanntwerden der Mischlingswelpen immer wieder gefragt. Im Winter zur Ranzzeit, kurz nach der Fangaktion, wurde die kleine Neustädter Wölfin dabei beobachtet, wie sie eines Abends mit einem Jagdhund im Wald verschwand. Die Affäre blieb dieses Mal ohne Folgen. »Zum Glück«, sagt Ilka. »Denn sonst hätten wir hier schon wieder ein Hybridenproblem gehabt.« Aber wie wird es im nächsten Jahr sein? Und im übernächsten?

»Vom rein wissenschaftlichen Standpunkt her wäre es das einzig Vernünftige, einen Rüden hier anzusiedeln«, sagt Gesa. »Nur ein einziger fremder Wolf würde die ganze Situation entspannen. Aber so etwas geht nur mit den Menschen in der Oberlausitz, nicht gegen sie.«

»Dafür ist die Zeit noch nicht reif und vielleicht wird sie es nie«, meint Ilka. »Für die Wölfe wäre es allerdings vielleicht die einzig reelle Chance.« Das Beispiel Schwedens zeigt, dass tatsächlich ein fremder Wolfsrüde eine Population – zumindest eine Zeit lang – retten kann. Als Wölfe in Schweden Mitte der sechziger Jahre unter Schutz gestellt wurden, galt die Art als nahezu ausgestorben. In den frühen achtziger Jahren fand ein Wolfspaar in dem Bezirk Värmland im südlichen Mittelschweden zusammen und bekam 1984 sechs Welpen. Es war der erste Wurf im Land südlich Lapplands seit mindestens achtzig Jahren. Danach hatte das Paar nahezu jedes Jahr Junge. Trotzdem kam die Verbreitung der Wölfe in Schweden nicht so recht in Gang. Erst in den frühen neunziger Jahren bildeten sich allmählich immer mehr Rudel, 1997 erstmals zwei in Norwegen. Innerhalb von zwanzig Jahren wuchs die Population auf über hundert Tiere an.

Alle schwedischen Wölfe schienen zunächst Abkömmlinge des ersten Paares von Värmland zu sein. Doch dann brachte genetische Detektivarbeit schwedischer Wissenschaftler zutage, was für den Durch-

Ilka und Jacques werden den Wölfen auf den Spuren bleiben. Vielleicht entdecken sie ja doch mal Neue?

bruch in den neunziger Jahren gesorgt hatte: ein Rüde aus Finnland. Die Forscher identifizierten die genetische Spur des Männchens, das 1991 über die Grenze gekommen war, im Erbgut schwedischer Tiere. Ohne diesen fremden Wolf, so glauben die Experten heute, hätten sich die Grauen in Schweden nicht so lange halten und ausbreiten können.

Die Zukunft der deutschen Wölfe ruht im Augenblick auf den Schultern eines einzigen Paares: des großen Grauen und seiner Partnerin in der Muskauer Heide. Noch wissen die beiden Biologinnen nicht, ob das Rudel auch im Jahr 2004 wieder Welpen geworfen hat. Sie suchen überall nach Spuren, fragen jeden Förster und Jäger: Doch es hat niemand welche gesehen. Für die Nachbarin des Rudels, die kleine Neustädter Wölfin, gibt es wenig Hoffnung, einen Wolfspartner zu finden. Die Situation in Westpolen hat sich seit der letzten Bestandsanalyse in den Jahren 2001 bis 2003 nicht verbessert. Die polnische Biologin Sabina Nowak weiß nur von zwei westpolnischen Rudeln. Eines lebt gegenüber des Brandenburgischen Oderbruchs bei Mieckowisze im Piaskowa Forest, das andere im Tarnowska Forest bei Zielona Góra. Diese Region liegt etwa einhundert Kilometer nordöstlich der Muskauer Heide. Und nur aus Polen können Wölfe nach Sachsen kommen, entweder direkt oder über Brandenburg bzw. Tschechien. Das Überleben der deutschen hängt daher untrennbar von dem der polnischen Wölfe ab.

Im Südosten und Norden Polens leben noch so viele der Raubtiere, dass die Wissenschaftler von einer stabilen Population sprechen. Eine aktuelle Zählung wird Anfang 2005 ausgewertet. Wölfe im Osten, das könnte mittelfristig auch heißen: Wölfe im Westen. Doch das sieht Sabina Nowak sehr kritisch: »Die Wanderkorridore der Tiere und die Waldgebiete werden von immer mehr Straßen zerschnitten. Es wird zunehmend schwerer für sie, lebend ihr Ziel zu erreichen.« In den letzten zehn Jahren hat sich der Verkehr in Polen mehr als verzehnfacht. Auf fast der Hälfte aller Straßen fahren inzwischen täglich mehr als zehntausend Autos – für das ländliche Polen eine große Veränderung im Vergleich zu früher. Nach dem Anschluss an die EU wird die Situation noch kritischer: Vier bis fünf neue Autobahnen sind geplant, quer durch das ganze Land von West nach Ost, von Nord nach Süd. Sie kreuzen die Korridore mehrfach, eine nahezu unüberwindliche Barriere für die vierbeinigen Wanderer. Vor allem deshalb, weil sie aus Sicherheitsgründen über große Strecken gezäunt werden sollen. Sabina Nowak und ihre Mitstreiter setzen daher alles daran, bei den Verantwortlichen in Polen und Brüssel für »Grüne Brücken« zu werben – extra für Tiere erbaute und bepflanzte Über- oder Unterquerungen von Straßen. Sie vernetzten Waldgebiete oder andere Landschaftselemente so miteinander,

Wölfe lieben Wälder, wenn sie wildreich sind, doch sie kommen auch in anderen Landschaften zurecht.

Neue Autobahnen in Polen
werden die Wolfskorridore an
vielen Stellen schneiden und
die Wanderungen der Tiere
sehr erschweren.

dass die Tiere trotz der Straßen hin und her wandern können. Solche Brücken würden in Polen auch anderen Tieren wie Luchsen weiterhelfen. »Wir können den Straßenbau nicht verhindern«, sagt Sabina Nowak, »aber wir dürfen dadurch auch nicht die Zukunft unserer großen Raubtiere aufs Spiel setzen.«

Illegale Abschüsse von polnischen Wölfen sind aus Westpolen derzeit nicht bekannt, aber immer noch aus Nord- und Ostpolen. Dazu kommen die für Hirsche oder Rehe ausgelegten Schlingen. Während der Jagd in ihrem Revier oder auf Wanderungen geraten immer wieder Wölfe in die tödlichen Fallen, ein Aderlass, der sich auch auf Deutschlands Wölfe auswirkt. Denn für die kommt es auf jeden polnischen Einwanderer an. Auch aus Brandenburg und Mecklenburg-Vorpommern kommen keine erfreulichen Nachrichten – seit dem dreibeinigen Naum im Jahr 2000 gibt es keine sicheren Nachweise mehr. Ein Netzwerk ehrenamtlicher Wolfsbetreuer – Förster, Jäger, Biologen, andere Interessierte – sucht bereits seit einigen Jahren regelmäßig nach Wolfshinweisen und meldet sie an das Brandenburgische Landesumweltamt. Die Tierschutzorganisation IFAW hat einen Kooperationsvertrag mit LUPUS und dem Land geschlossen und finanziert die Schulung der Wolfsbetreuer, Vorträge und Beratung durch die Biologinnen.

Es ist trotzdem nicht ausgeschlossen, dass in Brandenburg oder Mecklenburg-Vorpommern irgendwo Wölfe leben und einer davon auch den Weg in die Oberlausitz findet. Die Chance ist klein, aber durchaus vorhanden. In den letzten sechzig Jahren gab es immer wieder mal Einwanderer aus Westpolen, trotz der wenigen Rudel dort. Wäre auszuschließen, dass die Wölfin sich mit einem Hund paart, könnten die Oberlausitzer sich zurücklehnen und einfach warten. Es ist ein schwieriger Konflikt. Wollen wir Wolfsmischlinge in naher Zukunft vermeiden, dann müssten wir eine Genehmigung beantragen, um einen Wolfsrüden auszusetzen, sagen die einen. Wir haben ohnehin schon zu viele Wölfe und Probleme mit Vieh, Wild und Jagd. Statt neue auszusetzen, sollten wir endlich damit anfangen, den Wolfsbestand zu begrenzen, sagen andere.

Wo Menschen und Wölfe zusammenleben, kann das in unseren dicht besiedelten Landschaften nur funktionieren, wenn die Bevölkerung ihre grauen Nachbarn toleriert. Die Geschichte hat immer wieder gezeigt: Ohne Toleranz haben Wölfe keine Chance, einst verlorenes Terrain zurückzuerobern. Die Oberlausitzer haben bislang im Großen und Ganzen mit beachtenswerter Ruhe reagiert, viele auch mit Interesse und Befürwortung. Als im Jahr 2002 in Mühlrose so viele Schafe durch die Wölfe umkamen, gelang es dank sachlicher Aufklärung und um-

Grüne Brücken könnten Wölfen helfen, große Straßen zu überwinden. Vielleicht finden so wieder mehr den Weg nach Westen.

sichtiger Politik, die Schäfer zu unterstützen und ihre Sorge vor dem Wolf abzubauen. Andererseits zeigen vergleichsweise »kleine« Vorfälle wie der Schafsriss in Bärwalde, dass alte Ängste wieder neu geschürt werden können. Die Sensationspresse trägt regelmäßig dazu bei. Gepaart mit dem Auftreten der von vielen Menschen gefürchteten Wolfsmischlinge, entstand eine Situation, die leicht hätte umkippen können: von Akzeptanz zu Abwehr, von Toleranz zu Intoleranz.

Verständnis und Akzeptanz sind nicht allein durch Aufklärung zu erreichen. Es gehört auch viel Vertrauen dazu, Vertrauen des Skeptikers in den Befürworter, dass die Fakten stimmen, die ihm erzählt werden. Und die Einsicht, dass es nicht um persönliche Vorlieben der Politiker, Wissenschaftler und Artenschützer geht, sondern um gesetzlich vorgeschriebenes Handeln: Der Wolf ist eine hoch geschützte Art und darf deshalb nicht geschossen, vergrämt oder weggefangen werden. Ein Verbot, für dessen Einhaltung sich der Landesjagdverband Sachsen eindeutig ausgesprochen hat.

Doch der Präsident Günter Giese sagt vor einer Versammlung von Jägern, Wissenschaftlern und Pressevertretern im Februar 2004 ebenso deutlich: »Ich warne, wen auch immer, davor, Tiere auszusetzen.« Immer wieder mal kursiert das Gerücht der »Kofferraumwölfe« in der Oberlausitz. Die Tiere seien in Polen oder wo auch immer illegal ausgesetzt worden. Ein Phänomen, das Anfang der neunziger Jahre auch in Brandenburg beobachtet werden konnte, ebenso wie in Schweden. Besonders die kleine Neustädter Wölfin steht bei einigen Wolfskritikern im Verdacht, ein Gehegewolf zu sein. Sie sei klein, nicht sehr menschenscheu und habe eben diese Vorliebe für Hunde. »Wir können das nicht nachweisen«, sagt Joachim Bachmann vom Verein Sicherheit und Artenschutz, »aber das alles spricht sehr dafür, dass dieses Tier kein wilder Wolf ist und dass man hier Wölfe züchtet.« Die Wölfe Sachsens sind allesamt »auf ihren eigenen vier Pfoten« gekommen, stellt dagegen das Sächsische Umweltministerium immer wieder klar. Man muss daher nach heutiger Gesetzeslage mit ihnen leben, ob man will oder nicht. Davon ausgenommen sind lediglich Tiere, die nachweislich Menschen gefährden oder übermäßig große Schäden an Haustieren anrichten.

Würden Wölfe tatsächlich ausgesetzt, dann könnte man den Befürwortern vorwerfen, sie stellten ihre Interessen über die anderer. Wolfskritiker würden geradezu zum Widerstand herausgefordert. Durch eine solche Aktion könnten die Wölfe Sachsens mehr Schaden nehmen als gewinnen. Fakt ist: Das Aussetzen eines Wolfes ohne Genehmigung ist genauso illegal wie ein Abschuss. Doch auch mit offizieller Erlaubnis ist das Ganze ein Vabanquespiel. Politiker befürchten, dass sie mit einer solchen Erlaubnis das Vertrauen in Politik und Naturschutz bei vielen

Nur wenn ein fremder Rüde in die Oberlausitz kommt, haben die deutschen Wölfe langfristig eine Chance.

*Wie lange es in der Ober-
lausitz noch Wolfsfamilien
geben wird, ist derzeit sehr
ungewiss.*

Menschen zerrütten würden, insbesondere bei den wolfskritischen
Interessengruppen. »In Sachsen werden keine Wölfe aktiv wieder angesiedelt«, sagt Sachsens Umweltminister Steffen Flath deshalb auf einer
Pressekonferenz vor Ort im August 2004. Die Wahl des Landtages
steht zu diesem Zeitpunkt kurz bevor.

Offen ist bislang, wie zukünftig die Paarung zwischen Wolf und Hund
vermieden werden kann. Alle Jahre wieder Mischlingswelpen einzufangen, damit sie ein Leben in Gefangenschaft fristen, ist auch keine Alternative. Von den beiden im Winter gefangenen Tieren lebt inzwischen nur
noch eines. Primus, der Rüde, verletzte sich so schwer, dass er getötet
werden musste. Mariechens weiterer Verbleib ist derzeit noch unklar.

Eine Frage können derzeit weder Wolfskritiker noch Wolfsbefürworter
beantworten: Wo sind all die Tiere geblieben, die bereits das elterliche
Revier verlassen haben? Die drei Geschwister der Neustädter Wölfin
des 2000er Jahrgangs, zwei Jungtiere aus 2001 sowie drei aus 2002
sind abgewandert und wurden nirgendwo mehr gesehen. Aus dem

Muskauer Rudel werden also inzwischen bereits mindestens acht Tiere vermisst. Verschollen sind außerdem die Geschwister von Primus und Mariechen. Von insgesamt neun starben drei höchstwahrscheinlich schon jung. Insgesamt sechs konnten die Biologinnen noch im Herbst 2003 sehen und filmen. In Bärwalde zählte Gesa am Morgen nach dem Schafsriss jedoch nur noch vier Spuren von Jungtieren. Zwei davon sind die später eingefangenen Tiere; vier bleiben verschollen.

Was ist aus diesen insgesamt zwölf Tieren geworden? Sind sie eines natürlichen Todes gestorben? Sind sie illegal geschossen worden, was selbst einige Jäger für möglich halten? Sind sie nach Polen abgewandert und dort nirgendwo gesehen worden? Oder halten sie sich noch in Deutschland auf, aber außerhalb der Oberlausitz? Die Bevölkerung, die Jäger und Förster in den an die Wolfsreviere Sachsens angrenzenden Gebieten sind sensibilisiert. Es ist sehr unwahrscheinlich, dass niemand dort die Wölfe oder die Wolfsmischlinge entdecken würde. Ausgeschlossen ist aber selbst das nicht. Fakt ist, dass sie verschwunden sind. Zumindest acht dieser Verschollenen sind reinrassige Wölfe, wären ideale Partner für andere Einzelgänger – wenn es die denn gäbe.

Fände zumindest die Neustädter Wölfin einen solchen Partner, dann hätten Deutschlands Wölfe, biologisch betrachtet, eine reelle Chance. Die Nachkommen des Muskauer und des Neustädter Rudels wären dann nur noch weit entfernt verwandt und könnten sich paaren – das Beispiel Schweden beweist es. Doch solange noch Menschen ernsthaft befürchten, dass es schon jetzt zu viele Wölfe in der Oberlausitz gibt, ist

Wölfe polarisieren. Die einen lieben sie, die anderen hassen sie. Nur mit einem guten Management haben sie eine Chance in Deutschland.

Keine Lösung für die Zukunft: Mischling im Gehege. Primus ist extrem scheu und eignet sich nicht als Zoowolf.

die Zeit nicht reif, ihnen noch einen weiteren Wolf vor die Haustür zu setzen. Die Toleranz gegenüber den Grauen, die von selbst nach Sachsen gekommen sind, steht auf dem Spiel. Ein durch harte Arbeit errungener Erfolg könnte dann ins Gegenteil umkippen.

Wie kritisch das Verhältnis vieler Menschen zum Wolf noch immer ist, zeigt ein Vorfall in Bayern: Am Freitag, dem 24. April 2004, tötet ein »wolfsähnliches« Tier in Thalberg im Landkreis Passau einige Hühner. Ein Experte ist nicht zu erreichen, deshalb wird ein Privatmann aus Grafenau zu Rate gezogen. Der Mann hat zwei Jahre zuvor beim Einfangen ausgebrochener Gehegewölfe geholfen. Wolf oder Wolfsmischling? Die Spuren sind für ihn nicht eindeutig. Er rät abzuwarten. Zum Wochenbeginn soll das Landratsamt informiert werden, um Weiteres zu besprechen. Doch dazu kommt es nicht mehr: Am Samstagmorgen wird der Wolf wieder in Thalberg gesehen. Die dort diensthabenden Polizeibeamten geben das Tier zum Abschuss frei, was ein Jäger auch sofort ausführt.

Experten, die das getötete Tier wenig später untersuchen, sind sich einig: Der Wolf ist mit großer Wahrscheinlichkeit reinrassig. Wo er hergekommen ist, weiß niemand. Doch eines steht außer Zweifel: »Ohne qualifizierte fachliche Prüfung und gesetzliche Genehmigung darf weder ein Wolf noch ein Wolfsmischling abgeschossen werden«, sagt Peter Blanché, Vorstand der Gesellschaft zum Schutz der Wölfe. »Die Polizei hätte sich für den Schutz des Wolfes einsetzen und Schnellschüsse verhindern müssen.« Der Tierarzt stellt im Namen der Gesellschaft Strafanzeige gegen die Polizei und den Jäger. Seiner Meinung nach müsse dem Schützen der Jagdschein entzogen werden, denn der Abschuss eines hoch geschützten Tieres sei eine strafbare Handlung. »Der Jäger kann sich vom Jagdrecht her nicht auf eine Abschuss-Freigabe der Polizei berufen.« Bis Ende September 2004 ist das Verfahren noch nicht entschieden. Die Ironie dabei: Polizisten und Jäger wussten nicht, dass an jenem Wochenende gerade die meisten namhaften Wolfsexperten Europas im Nationalpark Bayerischer Wald zu einer Tagung versammelt waren. Ilka war auch dabei: »Es ist völlig verrückt. Wir sitzen da und reden darüber, wie man Wölfe am besten schützen kann – und keine dreißig Kilometer entfernt wird ein Wolf einfach so abgeknallt, weil angeblich kein Experte aufzutreiben war.«

Die beiden Biologinnen, die Umweltpolitiker, die Bundesförster und viele Helfer und Unterstützer haben bislang dafür gesorgt, dass so etwas in der Oberlausitz noch nicht passiert ist. Wenn doch, dann ist es zumindest bis heute nicht bekannt. Die Stimmung in der Oberlausitz ist entgegen so manchem Pressebericht nicht gekippt, weder nach den Schafsrissen noch nach dem Mischlingswurf in Neustadt. Die Befürchtungen von Gesa und Ilka, von Holger und Uwe nach dem großen Schafsriss in Mühlrose haben sich nicht bewahrheitet. Von den meisten Menschen werden die Wölfe toleriert oder sogar akzeptiert. Als Gesa und Ilka Ende Mai 2003 ihr neues Büro in Spreewitz, keine zehn Kilometer von Neustadt entfernt, einweihen, spendiert Schäfer Frank Neumann einen Lammbraten, ein Bundesförster grillt ein von ihm erlegtes Wildschwein – Symbol für eine Zusammenarbeit und Akzeptanz verschiedener Interessensgruppen im »Wolfsland« Sachsen, wie sie anderswo selten ist.

Die beiden Biologinnen bekommen noch eine weitere Unterstützung: Ein Kontaktbüro »Wolfsregion Lausitz« wird im Herbst 2004 im »Erlichthof« in Rietschen eröffnet, eine zentrale Anlaufstelle zum Thema Wolf in Sachsen. Die Verantwortung soll dadurch stärker in die Oberlausitz verlagert werden, soll nicht länger ausschließlich »Chefsache« des Umweltministeriums in Dresden sein. Anfragen beantworten, Öffentlichkeitsarbeit koordinieren, Vermarktungsstrategien zum Thema Wolf entwickeln und vor allem die Vermittlung zwischen Interessengruppen – all dieses sind die Aufgaben der jungen Forstwissenschaftlerin Jana Schellenberg aus Dauban. »Ich möchte mir den Standpunkt von Wolfsgegnern genauso anhören wie von Wolfsbefürwortern«, sagt sie. »Beide Seiten müssen mit ihren Argumenten ernst genommen werden, ich selbst will dabei neutral bleiben.« Wichtig sei es vor allem, die Menschen mit sachlichen Informationen zu versorgen. Sie steht deshalb nicht nur mit den Damen des Büros LUPUS in Kontakt, sondern wird von einem Beirat unterschiedlicher Fachleute unterstützt. »Wir wissen nicht, welchen Einfluss Wölfe auf Wild haben. Wir können auch nicht hundertprozentig ausschließen, dass niemand einen Wolf ausgesetzt hat«, sagt sie. Deshalb soll jetzt vergleichend untersucht werden, ob Schäl- und Feldschäden in den vom Wolf bewohnten Jagdrevieren größer sind als anderswo, wie die Wölfe die Wilddichte beeinflussen und eventuell auch, ob die einsame Wölfin wirklich die Tochter des Muskauer Wolfspaares ist. »Solange wir keine handfesten Beweise dafür oder dagegen haben, bringt uns alles Streiten nicht weiter«, sagt Jana Schellenberg.

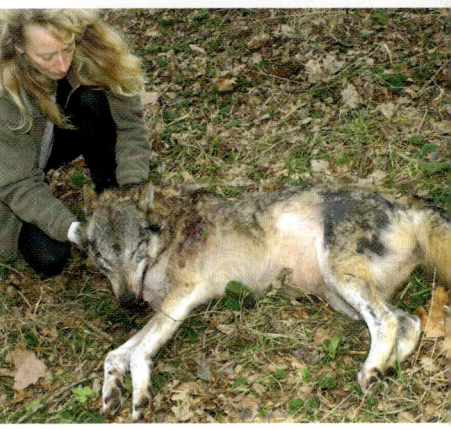

Leben mit oder ohne Wolf: Die Entscheidung treffen allein wir Menschen.

Das Kontaktbüro untersteht dem Landratsamt des Niederschlesischen Oberlausitzkreises. Büro LUPUS arbeitet zukünftig im Auftrag des Naturkundemuseums Görlitz, ist nicht mehr dem Sächsischen Umweltministerium direkt unterstellt. Gesa und Ilka werden nun wieder mehr Zeit haben, den Spuren der Wölfe zu folgen. »Öffentlichkeitsarbeit ist immens wichtig«, sagt Gesa, »aber viele Monate sind wir zu nichts anderem mehr gekommen. Zu einem guten Wolfmanagement gehört aber eben auch ein gutes Monitoring: die Wölfin per Sender zu überwachen, Hin-

Gesa vor der Kamera – mit Kevin Costner (»Der mit dem Wolf tanzt«) bei Johannes B. Kerner. Viel lieber folgt sie den Fährten wilder Wölfe.

weise zu sammeln.« Ilka freut sich ebenfalls über die Unterstützung: »Manchmal, wenn der Presserummel einfach zu groß war«, sagt sie, »dann hab ich schon gedacht: Wann dürfen wir denn endlich mal wieder das sein, was wir wirklich sind? Biologinnen!« Jana Schellenberg spricht daher auch im Sinne der beiden LUPUS-Frauen: »Bei allen Fragen rund um die Wölfe in der Oberlausitz bitte zuerst bei mir melden.«

Während es Herbst wird in der Oberlausitz, folgt Uwe zusammen mit Gesa oder Ilka der Neustädter Wölfin und hofft, sie mit Hilfe des Peilsenders noch einmal vor die Kamera zu bekommen. Holger organisiert die letzten Dreharbeiten, schaut noch einmal bei Gesa und Ilka vorbei, bei Schäfer Neumann, bei Bundesförster Röder. Im November werden die Dreharbeiten endgültig beendet sein. Der Journalist besucht auch den Schäfer Andreas Hauswald, dokumentiert den Wandel der kleinen niedlichen Pyrenäenberghund-Welpen zu großen stattlichen Hunden. Nach Aussagen ihres Besitzers haben Falko und Dux ihre Aufgabe sehr gut gelernt. Noch sind die Wölfe nicht bis in Hauswalds Region vorgedrungen, aber mit wildernden Hunden und wühlenden Wildschweinen hat der Schäfer jetzt keinen Ärger mehr.

Zwar haben die Biologinnen bislang noch keine Welpenspuren in der Muskauer Heide gefunden, aber im Revier der Neustädter Nachbarin tut sich etwas: Neben ihren kleinen Pfotenabdrücken haben die beiden eine zweite Spur entdeckt: groß und kräftig. »Und dann hab ich ihn eines Abends sogar gesehen«, erzählt Ilka. »Ein richtig schöner großer grauer Wolf!« Sie glaubt, dass es ein Rüde ist. »Es kann natürlich auch einer der Jungwölfe aus dem Jahrgang 2002 von der Muskauer Heide sein«, dämpft Gesa zu hohe Erwartungen. »Dann wären er und die Wölfin Geschwister.« Vielleicht aber auch nicht? Vielleicht gibt es bald doch wieder ein zweites Rudel in der Oberlausitz? Mit Welpen, die keine großen Ohren haben? Die echte deutsche Wölfe sind? Alles ist offen, niemand weiß, wie viele Kapitel über die grauen Vierbeiner in Sachsen noch geschrieben werden können. Eins aber ist sicher: Es bleibt spannend. Was Gesa und Ilka sich wünschen, lässt sich in einem Satz sagen – und ist doch, wie die Geschichte zeigt, so schwer: »Eine faire Chance für die Wölfe in Deutschland.«

DANK

Über Ereignisse, die man nicht selbst erlebt habt, im Reportagestil zu schreiben, ist ein Wagnis. Ohne die Unterstützung von Menschen, die kompetent und lebendig zu erzählen wissen, ist es unmöglich. Ich hatte das Glück, in den beiden Biologinnen Gesa Kluth und Ilka Reinhardt sowie den Filmern Holger Vogt und Uwe Anders solche Gesprächspartner gefunden zu haben. Danke schön vor allem Gesa und Ilka, die mir während der gesamten Produktion mit Rat und Tat zur Seite standen.

Holger Vogt als Autor der beiden diesem Buch zugrunde liegenden Filmdokumentationen verdanke ich die Überlassung des Themas und seiner kompletten Rechercheunterlagen. Herzlicher Dank gebührt auch Rolf Röder, Vorsteher des Bundesforstamtes Muskauer Heide, sowie den Jägern Jochen Gässner und Dr. Christian Berndt für ihre Anleitungen in Sachen »Wolf – Wild – Jagd«, für eine »Nicht-Waidfrau« eine unverzichtbare Hilfe. Dr. Peter Blanché, Vorstand der »Gesellschaft zum Schutz der Wölfe«, danke ich für kostenlose Überlassung von Fotomaterial, ferner allen weiteren Gesprächspartnern für ihre mir gewidmete Zeit.

Ein ganz liebes Dankeschön auch an meine Kollegen in der Redaktion NDR Naturfilm, die während der Zeit des Schreibens sehr kollegial Aufgaben von mir übernommen haben.

Nicht zuletzt möchte ich den Oberlausitzer Bürgern danken. Unabhängig davon, welche Meinung sie zum Thema »Wölfe in Deutschland« hatten, sind sie mir überall mit Freundlichkeit begegnet. Ich komme jederzeit gerne wieder in die schöne Oberlausitz – nicht nur der Wölfe wegen.

TIPPS, LINKS, LITERATUR

Kontaktbüro »Wolfsregion Lausitz«
Am Erlichthof 16, 02956 Rietschen
(Anfragen an Wildbiol. Büro LUPUS bitte über Kontaktbüro!)

Freundeskreis Wölfe in der Lausitz e.V.
Uwe Tichelmann, Im Proffgarten 13, 53804 Much-Marienfeld
Tel. 02245-911 374
www.lausitzer-woelfe.de

Gesellschaft zum Schutz der Wölfe e.V.
Dr. Rolf Jaeger, Gleiwitzer Weg 5, 53119 Bonn
Tel. 0228/66 13 77, mobil 0172/34 32 201
www.gzsdw.de

Arbeitsgemeinschaft »Pro Wolf«
NABU Sachsen, Löbauer Straße 68, 04347 Leipzig
www.NABU-Sachsen.de

Sicherheit und Artenschutz e.V.
02943 Boxberg

Wolves – Behavior, Ecology and Conservation
Hrsg. L. David Mech und Luigi Boitani, The University of Chicago
Press 2003
ISBN 0-226-51696-2

Der Wolf – Ökologie, Verhalten, Schutz
Henryk Okarma und Dagmar Langwald, Parey Buchverlag
Berlin 2002
ISBN 3-830440-62-6

Wolfsangriffe – Fakt oder Fiktion
Elli H. Radinger, Verlag Peter von Döllen, Worpswede 2004
ISBN 3-933055-33-4

Der Wolf
Erik Zimen, Franckh-Kosmos 2003
ISBN 3-440097-42-0

WOLF Magazin
Vierteljährl. Zeitschrift rund ums Thema Wolf
Chefredaktion Elli Radinger, Postfach 26 01 39, 35555 Wetzlar
www.wolfmagazin.de

»Wolfsjagd« von Rainer F. Kokenbrink
www.kokenbrink.de

BILDNACHWEIS

Uwe Anders: 1, 10, 50, 63, 67, 79, 86, 206
Arco/P. Wegner: 130
Avenue Images/Index Stock: 22, 47, 192
Michael Barz: 60
Büro Lupus: 13, 14 m., 14 o., 14 m., 64, 78, 81, 82, 89, 100, 104, 121, 129, 132, 133, 135, 143, 148, 152, 153 o., 153 m., 153 u., 154, 155, 160, 164, 166, 171, 172, 175 o., 178, 194, 195, 196, 197, 198 o., 198 u., 199, 212, 213, 220
Corbis: 110, 124, 140
D. J. Cox/Wildlife: 109
ddp: 8
Deutsche Wildtierstiftung: 203
Rainer J. Fischer, Berlin: 28, 30, 140, 214
Franz Graf von Plettenberg: 144
Gülzow, Claus: 95, 96, 97, 98, 99, 107, 117, 137, 138, 139, 147, 188, 207
Gesellschaft zum Schutz der Wölfe/Peter Blanché: 120
Andreas Kieling: 103
Dr. Ragnar Kinzelbach: 58
Kopp/F1 online: Vorsatz
Gerhard Krause: 77 u.
André Kurtas: 183
Jean-Marc Landry: 125, 146, 158, 159, 161
Wolfgang Lehmann: 222
Museum/Stadtarchiv Hoerswerda: 30
NDR-Naturfilm: 46, 56, 65, 142, 209
NDR-Naturfilm/Holger Vogt: 55 u., 80 o., 80 u. 83, 221 o.
NDR-Naturfilm/Uwe Anders: 16 o., 16 u., 19, 20 o., 20 u., 54, 90 m., 90 o., 90 u., 94, 168 o., 168 m., 168 u., 175 u.
Niedersächsisches Landesmuseum: 37
Sabina Nowak: 84, 157, 215
Ostkreuz: 87
Picture-Alliance: 12, 25, 27, 32, 33, 34, 35, 36, 40, 41, 44, 73, 75, 76, 85, 93, 131, 149, 180, 189, 216, 221 u.
Christoph Püschner: 26, 55 o., 59, 88, 113, 115
Rolf Röder: 111 o., 111 m., 111 u.
Sächsische Zeitung/Wolfgang Wittchen: 114, 182
Monty Sloan: 181, 202
Beatrix Stoepel: 42, 43
Tier- & Naturfoto/Gunther Kopp: 68, 74, 116, 165, 167, 186, 218, 219
ullstein bild: 29, 101, 185, 187, 201
Wildpark Schwarze Berge: 2
Wildpark Schwarze Berge/Bettina Blumenthal: 77 o.
Wildpark Schwarze Berge/Andreas Rose: 150